KB051428

지리학자의 공간읽기:
인간과 역사를 담은 도시와 건축

지리학자의 공간읽기 인간과 역사를 담은 도시와 건축

초판 1쇄 발행 **2018년 9월 5일**
초판 3쇄 발행 **2022년 4월 28일**

지은이 **정은혜**

펴낸이 **김선기**
펴낸곳 **(주)푸른길**
출판등록 **1996년 4월 12일 제16-1292호**
주소 **(08377) 서울시 구로구 디지털로 33길 48 대륭포스트타워 7차 1008호**
전화 **02-523-2907, 6942-9570~2**
팩스 **02-523-2951**
이메일 **purungilbook@naver.com**
홈페이지 **www.purungil.co.kr**

ISBN **978-89-6291-465-8 03980**

ⓒ 정은혜, 2018

• 이 책은 (주)푸른길과 저작권자와의 계약에 따라 보호받는 저작물이므로 본사의 서면 허락 없이는 어떠한 형태나 수단으로도 이 책의 내용을 이용하지 못합니다.

• 이 도서의 국립중앙도서관 출판예정도서목록(CIP)은 서지정보유통지원시스템 홈페이지(http://seoji.nl.go.kr)와 국가자료공동목록시스템(http://www.nl.go.kr/kolisnet)에서 이용하실 수 있습니다.(CIP제어번호: CIP2018027244)

지리학자의 공간읽기

인간과 역사를 담은 도시와 건축

정은혜

푸른길

『지리학자의 공간읽기: 인간과 역사를 담은 도시와 건축』은 제목 그대로 인간의 삶과 역사, 그 역사와 삶을 담은 도시, 그리고 그 도시를 구성하고 있는 건축에 지리학자의 시각을 더해 공간을 더욱 깊이 읽어 보려는 의도로 집필되었다.

기본적으로 이 책은 공간이라는 프레임을 통해 세상과 인간의 소소한 일상을 바라보고자 하였다. 일상적 공간을 텍스트로 바라보고 감성적으로 독해할 수 있다면, 우리의 일상에서 당연한 상식으로 여겨 왔던 것들을 보다 구체화할 수 있다고 생각하였다. 그런 의미에서 우리가 살아가고 있는 현대의 도시 공간과 그곳을 채우는 다양한 건축물들을 어떻게 읽어 낼 것인가를 이 책의 핵심 주제로 삼았다. 따라서 도시학과 건축학에 지리학을 담아 공간을 포괄적인 안목으로 바라보고 해석하고자 하였다. 보다 솔직하게 표현한다면, 공간을 바라보는 관점에 있어 인문지리학자의 시각으로 건축과 도시에 보다 인간적인 가치와 생각을 더하고자 노력하였다. 이러한 측면에서 『지리학자의 공간읽기: 인간과 역사를 담은 도시와 건축』은 기존의 책들과는 차별화된 시각에서 신선하게 공간에 접근할 수 있는 방법이 될 것이라고 생각한다.

필자는 공간을 읽고 해석하는 데 도움을 줄 수 있도록 이 책에 공간 및 건축 이론, 그리고 역사와 관련된 많은 사진들을 수록하였다. 즉, 도시라는 공간에 드러나는 건축, 이에 대한 역사적 고찰, 건축학적인 지식뿐만 아니라 필자가 직접 촬영하고 수집한 사진 등을 바탕으로 국내와 해외의 사례를 적절히 접목하여 공간을 보다 쉽게 이해할 수 있도록 구성하였다. 이 책에 수록된 사진들을 필자가 가진 공간의 일상성, 그리고 학문에 대한 깊은 관심의 증거로 봐 준다면 보다 감사할 것이다. 이 같은 노력의 결실인 이 책을 통해, 인간의 삶과 역사를 반영한 도시와 건축이 지리학자의 시각을 거쳐 공간이 어떠한 역사적 이야기를 가지고 있는지, 일상에서 어떠한 사회적 의미를 지니고 있는지를 조금 더 고민하고 해석해 볼 수 있는 계기가 되었으면 한다.

이 책은 총 여덟 개의 장으로 구성되었다.

제1장, '공간에 대한 담론'에서는 역사적으로 공간 담론이 가졌던 위상에 대해 논하고, 공간을 읽는 구체화된 작업으로서 공간을 맥락으로 바라보고 텍스트화하는 방법과 중요성에 대해 간략히 기술하였다. 그리고 이러한 공간읽기를 위해 흔히 통용되는 '경관'이라는 단어를 정의

하고 경관을 해석하는 틀을 제시함으로써, 공간(경관)이 가지는 상징성이나 힘이 그 자체로 정치적·경제적 영향력을 발휘할 수 있다는 점에서 중요한 연구 대상이 될 수 있음을 피력하였다.

제2장, '지식의 공간'에서는 먼저 감시와 훈육의 공간으로서 감옥, 동물원, 병원, 수용소, 학교, 도시 등을 통제의 시스템하에 놓인 공간으로 보고, 이들 공간에 거대한 판옵티콘의 원리를 적용하여 설명하였다. 한편 이러한 감시와 훈육이 교육이라는 보다 큰 범주로 이어지는 사례로서 우리나라의 노량진 학원가, 대학가, 신림 고시촌, 신촌과 홍대 등을 선정하고, 이들 공간을 현재 우리 사회를 대표하는 지식인의 재창출 공간으로 바라보았다. 그리고 이들 공간이 내포하는 의미를 살펴보고자 하였다.

제3장, '정치적 상징의 공간'에서는 정치적 이념과 힘의 상징 공간으로서 우리나라의 종로, 청와대, 광화문광장, 시청광장, 청계천광장 등의 역사적 맥락과 그에 따른 현재의 의미를 들여다보고, 이들 공간에 세워진 건축물이나 동상 등이 지닌 내재적 의미를 살펴보았다. 한편 정치적인 상징이 약탈과 전시의 건축으로서 드러나는 공간으로 뮤지엄을 상정하여 세계 최초로 등장한 뮤지엄의 의미와 뮤지엄에서 발전한 공간들(팔라초, 캐슬, 팰리스 등)의 의미를 살펴보았다. 또한 우리나라 뮤지엄의 등장과 발달 과정을 통해 역사적 맥락이 공간에 부여하는 의미를 읽어 보고자 하였다. 나아가 정치적 상징의 공간이 과거의 건축양식을 상대적으로 많이 적용하고 있음을 볼 때, 이미 검증된 건축양식의 채택이 어떠한 의미를 내포하고 있는지를 파악하였다.

제4장, '경제적 상징의 공간'에서는 거대한 경제적 상징을 나타내는

건축물이 보다 높고, 보다 넓고, 보다 강하고, 보다 영원하게 지어지고 있음을 보고, 그에 적용되는 사례들을 살펴보았다. 이를 통해 경제가 주는 권력이 건축에 내재하는 의미를 분석해 보았다. 한편 이와 달리 우리나라의 경제를 이끌어 왔으나 현재는 권력이 별로 남아 있지 않은 공간들, 즉 구로동과 용산 전자상가 등을 사례로 하여 이들 공간 및 건축이 주는 역사적·현재적 의미를 파악하고 문제점을 살펴보았다.

제5장, '소비문화의 공간'에서는 소비 욕망을 길러 내는 건축으로서 백화점의 등장과 의미를 살펴보고, 이것이 인간의 삶에 미치는 영향에 대해 최초의 백화점이 탄생한 프랑스를 통해 알아보았다. 그리고 우리나라 백화점의 등장과 그것이 주는 역사적·공간적 의미를 되새겨 보면서, 우리나라의 백화점은 프랑스와는 다른 공간적 의미가 적용되어 발전하였음을 확인하였다. 한편 백화점과는 또 다른 소비문화 공간으로서 우리나라 서민들이 대표적으로 이용하는 동대문시장의 역사와 특징을 살펴보고 현재 새로이 만들어진 동대문디자인플라자의 건축적 의미도 알아보았다.

제6장, '사회구조적 불평등의 공간'에서는 먼저 세계의 경제지리 구조를 핵심 지역과 주변 지역으로 나누어 살펴보았다. 이를 더욱 쉽게 이해할 수 있도록 영화를 사례로 살펴보았고, 이러한 사회구조적 문제를 영토성, 군집, 분리라는 이론의 적용이 가능한 공간들로 검토해 보았다. 한편 사회구조적 불평등이 존재하는 여러 공간들 중에서도 공간 분절론적 입장을 취하는 대표적인 공간으로서 집창촌을 설정하고, 아직 현존하는 이 공간에 대해 여성의 시각에서 보다 심도 있게 논의해 보았다.

'제7장, 추억과 일상의 공간'에서는 추억이 가시화된 공간으로서 벼룩시장을 상정하여, 파리와 서울의 사례를 통해 그 의미를 살펴보았다. 그리고 우리의 일상을 대표하는 공간으로서 재래시장과 아파트를 선정하여, 서촌과 노량진의 재래시장을 소개하고, 프로잇 이고에서 비롯된 모더니즘 건축에 대한 비판적 논의를 아파트에 적용하여 공간적 해석을 부여하였다.

제8장, '종교적 상징의 공간'에서는 종교 공간이 건축에 빛과 시간을 이용한다는 점을 파악하고, 아침 예불을 중시하는 사찰과 저녁 기도를 중시하는 성당과 교회를 대비하여 각각에 부여된 의미를 기술하였다. 이러한 의미가 적용된 실질적 공간의 사례로, 서울 속 신들의 땅과 세계 속 신들의 땅으로 나누어 종교 공간을 직접 답사하고 경험한 것을 바탕으로 몇몇 종교 공간들을 선정하여 간략히 소개하고 그 의미를 되새기는 것으로 마무리하였다.

이렇듯 이 책은 공간에 대한 담론을 시작으로, 지식의 공간, 정치적 상징의 공간, 경제적 상징의 공간, 소비문화의 공간, 사회구조적 불평등의 공간, 추억과 일상의 공간, 종교적 상징의 공간으로 나누어, 인간의 역사를 담은 도시와 건축을 이론과 사진을 더하여 소개함으로써 이들 공간을 읽고 그 내재된 의미를 보다 쉽게 이해할 수 있도록 하였다. 따라서 이 책이 공간을 읽는 방법으로서, 담론으로서, 실재하는 현상으로서 공간과 건축을 공부하고 이들 분야에 관심이 있는 많은 이들에게 도움이 될 수 있기를 희망한다.

이 책이 나오는 동안, 삶의 무게를 견디시며 가장 가까이에서 제일 큰 힘이 되어 주신 엄마, 병상에 누워 계시면서도 공부하는 자식을 대견히 여겨 주신 아빠, 당장의 즐거움 대신 답사와 여행이라는 시간적 공유와 배려를 나누어 준 친구들, 때로는 스승이 되어 공부의 원동력을 제공해 준 학생들에게 무한한 감사를 드린다. 또한 학문 이상으로 인생의 지침을 안내해 주시는 노시학 교수님, 공간읽기라는 강의의 제안으로 새로운 분야에 발걸음을 내딛게 해 주신 조창현 교수님, 깊이 있는 학문적 조언과 배려를 통해 발전할 수 있도록 도와주시는 주성재 교수님, 학문적 교류로 항상 응원의 말씀을 건네 주시는 황철수 교수님과 정희선 교수님, 그리고 모빌리티인문학 연구원 교수님들께도 감사 인사를 드린다. 그 외에도 일일이 열거하지 못한 많은 분들에게도 감사한 마음을 전한다. 마지막으로 출판을 가능하게 해 주신 (주)푸른길의 김선기 대표님과 이선주 편집부 팀장님께도 한없는 감사 인사를 드린다.

2018년 가을
정은혜

| 차례 |

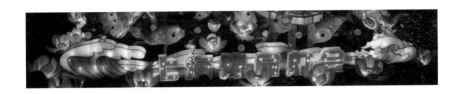

공간에 대한 담론

1. 텍스트로서 공간(경관)읽기

과거에는 공간을 죽은 것, 고정된 것, 비변증법적인 것, 정지된 것으로 간주하였다. 실제로 미셸 푸코Michel Foucault는 "공간에 비해 시간은 풍요롭고 비옥하고 생생하며 변증법적인 것"이라고 언급한 바 있다. 이처럼 시간에 대한 담론이 특권적 지위를 누려 왔던 반면, 공간에 대한 담론은 상대적으로 부차시되어 왔다. 즉, 시간과 역사가 인문사회계를 주도해 왔다고 해도 과언이 아니다.

공간과 지리에 대한 담론이 본격적으로 이루어지기 시작한 것은 1970년대 이후이다. 물론 공간에 대한 담론이 이루어진 것은 오래전이나 상대적으로 시간에 대한 담론이 우위를 차지하고 있었고, 1970년대에 포스트모던post-modern 담론이 등장하면서 공간에 대한 시각이 변화했다는 말이다. 특히 공간에 대한 담론은 철학, 건축학, 사회학, 지리학 분야를 중심으로 전개되면서 점차 학문적 담론의 중심으로 떠올랐다. 건축과 미술사 분야에서는 형상을 구성하는 상이한 양식적 특징을 역사적으로 해석하는 양식적·형태적 공간 담론이 전개되었고, 사회학 분야에서는 워스Wirth와 지멜Simmel에 의해 도시문화론이 다루어지면서 자본과 노동, 국가의 상호 관계 등에 초점을 두고 자본주의 도시의 성격을 분석하는 도시사회학 연구들이 진행되었다.

한편 지리학 분야에서는 물리적·기하학적 공간관에 기초하여 공간 법칙을 규명하고자 논리실증주의 지리학이 대두하였고, 인간의 장소 경험과 장소 정체성의 형성을 현상학적 관점에서 고찰한 인간주의 지리학이 등장하였다. 또한 자본주의적 상품과 노동 관계의 공간적 형성

과정을 구조주의적 관점에서 고찰한 공간정치경제학 연구들이 나타나면서 공간에 대한 담론의 흐름이 이어졌다.

최근에는 물리적 공간과 사회적 주체 간의 관계를 고려하는 공간 담론이 지배적으로 논의되고 있다. 대표적인 학자로는 소자Soja, 하비Harvey, 르페브르Lefebvre 등을 들 수 있다. 소자와 하비는 시간, 공간, 사회의 삼변증법trialectics을 제창하였고, 르페브르는 일상적인 사회생활과의 관계성 속에서 공간을 이해하고자 하였다. 이렇듯 실제의 공간은 다양한 헤게모니 체제하에서 여러 방식으로 생산되었다.

결론적으로 이러한 학문적 흐름을 볼 때, 사회 공간은 텅 빈 공간이 아니라 절대자에 의해 창조된 사회적으로 생산된 공간이며, (재)생산을 둘러싼 다중적인 사회적 관계들이 상호 교차하고 중첩되는 사회적 네트워크 공간이라는 것을 의미한다. 이러한 의미를 포괄하는 공간에 대한 담론은 현재 공간정치경제학, 일상생활 공간론, 포스트모던 공간론 등으로 다양하게 논의되고 있다.

이처럼 공간에 대한 담론이 다양하고 깊이 있게 논의되면서 공간에 대한 구체적인 상황과 맥락context에 대한 관심도 포괄적으로 다루어지고 있다. 맥락이란, concom, together의 '같다'와 라틴어에서 온 단어인 texture의 '(천이나 직물 따위를) 짜다'의 합성어로, 사전적 의미로는 "문맥, 글의 전후 관계, 경위나 배경"으로 정의할 수 있으며, 따라서 일련의 연속성을 의미하는 단어로 볼 수 있다. 영국의 철학자 페퍼Pepper는 20세기를 전후로 나타난 맥락 혹은 상황을 다룬 철학을 총칭하여 맥락주의contextualism라고 불렀으며, 이러한 맥락주의를 역사적 사건historic event과 동일한 것으로 간주하였다. 결국 맥락주의란 개별적 정체성을 찾는 것이라기보다는 서로 간의 만남과 어우러짐 속에서 이루어지는 관계성을 중시하는 용어임을 알 수 있다.

그렇다면 인간의 삶은 어떻게 공간적으로 만들어지고, 공간이 인간의 삶에 어떠한 관계로 연계되어 어떠한 영향을 미치고 있는가? 이에 대한 답을 찾기 위해서는 공간을 보다 깊이 성찰해야 한다. 이제부터는 (다소 광의로 정의될 수 있는) 공간을 조금이나마 구체화하는 작업으로써, 인간의 역사를 담고 있는 도시와 건축을 통해 공간을 읽어 보고자 한다.

'공간을 읽는다'는 것은 공간에서 드러나는 경관landscape이 책text처럼 개인이나 집단에 의해 씌여지고 또 읽혀진다는 것을 의미한다. 실제로 특정한 경관은 아무 의미 없이 그저 우연히 만들어지는 것이 아니다. 그 경관을 생산produce하고, 이를 통해 특정한 의미를 전달하려는 저자writer가 있으며, 또한 경관에 새겨진 의미를 소비consume하는 독자reader가 존재한다고 볼 수 있다. 즉, 공간상 나타나는 경관을 통해 저자는 자신의 특정한 가치나 신념 등을 전달하려 한다는 것이다. 우리는 독자가 되어 그 내포된 의미를 끄집어 낼 수 있고, 이는 공간을 읽어 나가는 것으로 이어질 수 있다. 물론 이러한 의미들이 모든 독자들에게 동일하게

그림 1-1. 그리스 신전이 연상되는 국내 대학의 한 건물

적용되는 것은 아니다. 거기에는 그에 상응하는 지식의 깊이와 안목이 요구된다. (때로는 그림 1–1처럼 주변 맥락에 대한 고려나 배려 없이 조금은 생뚱맞게 창출된 공간도 있기는 하지만 말이다). 이 책은 이처럼 공간을 바라보고 읽는 과정에 도움이 되고자 저술되었다. 보다 깊이 있는 공간읽기를 위해 도시와 건축에 새겨진 의미들을 재해석하고 경관에 내재된 의미들을 새로운 안목으로 구성해 나가고자 한다.

2. 공간읽기를 위한 경관의 정의와 틀

경관이란, 공간이 우리 시야에 투영된 것으로 눈에 보이는 모든 것을 말한다. 보다 구체적으로 말하면 관찰자의 시야에 들어오는 모든 것을 의미하며, 더 나아가 우리의 관찰과 연구의 대상이 될 수 있는 모든 것이다. 따라서 관찰자가 어떠한 태도로 보느냐에 따라 경관은 각각 다른 의미나 가치를 가지게 된다. 경관은 일반적으로 자연지형과 같은 자연경관뿐만 아니라 인간의 활동에 의해 형성된 문화경관을 포괄한다.

칼 사우어Carl Sauer는 그의 저서 『경관의 형태학The morphology of land-scape』에서 문화경관의 연구 방법과 함께, 한 지역을 연구할 때 처음 시도해야 할 것은 그 지역의 문화경관에 대한 연구라고 주장하며 당시 미국 지리학계에 큰 영향을 미쳤다. 과거의 경관연구는 인간과 자연환경과의 관계를 중심으로 한 지역주민의 문화와 삶의 방식을 설명하는 데 주력하였다. 그러나 현재의 경관연구는 문화의 개념 범위를 좁게 설정하여 정치적·경제적·사회적 등의 요인과 함께 문화적 요인이 현대 사회의 형성과 유지에 크게 작용한다는 것을 전제로 설명하고 있다.

이러한 작금의 상황에서 공간읽기를 위한 경관해석의 틀로는 크게 다음의 네 가지를 들 수 있다. 첫째는 '상징적 경관'의 범주에서 공간을 읽는 방법으로, 저자의 가치와 신념, 더 나아가 상징성이 드러나는 경관을 통해 공간을 읽는 것이다. 대표적인 상징적 경관으로 특정 양식의 건축물, 탑, 동상 등을 들 수 있는데, 독자로서 우리는 이 상징적 경관을 통해 공간이 만들어진 이유와 의미를 보다 쉽게 이해하고 파악할 수 있다(그림 1-2).

둘째로, '힘의 경관'의 범주에서 공간을 읽는 방법으로, 여기에는 무력, 자본, 종교 등의 경관이 포함된다. 이념의 변화에 따른 독일 레닌 동상의 철거와 베를린 장벽의 붕괴, 조선총독부 건물의 기세를 누르기 위한 이순신 장군 동상의 건립과 조선총독부 해체 등은 힘의 경관 사례로 볼 수 있다(그림 1-3). 이처럼 우리는 하나의 독자로서 힘의 경관을 통해 공간이 가지는 힘의 의미와 영향력을 해석(파악)할 수 있다.

셋째는 '심리를 이용한 경관'으로서 공간을 바라보는 방법이다. 경관은 수동적으로 감상되기도 하지만 꼭 그렇지만은 않다. 경관을 이용하

그림 1-2. 광화문 광장의 세종대왕 동상

그림 1-3. 레닌 동상이 철거되는 장면
출처: 영화 〈굿바이 레닌〉(2003)

여 권위나 정통성을 강화시키기도 하고, 특정 이데올로기를 무의식적으로 주입시키기도 한다. 청남대와 독립기념관은 이러한 대표적인 사례이다. 충북 청원에 위치한 청남대는 1983년부터 대통령 별장으로 사용되다가 2003년부터 일반인에게 공개되어 현재 약 1천만 명이 다녀간 관광지로 변화하였다. 이는 이데올로기의 변화를 상징하기도 하지만 역대 대통령들의 권위나 정통성이 반영된 공간으로, 대통령들이 사용했던 본관 별장은 물론, 오각정, 헬기장, 양어장, 골프장, 그늘집, 정원 등 잘 가꾸어진 시설물을 볼 수 있는 곳이기도 하다(그림 1-4). 충남 천안에 위치한 독립기념관은 자주와 독립의 정신으로 지켜 온 우리 겨레의 역사가 담겨 있는 곳이다. 겨레의 탑, 역대 대통령과 애국지사들의 어록비, 불굴의 한국인상, 유관순 열사와 윤봉길 의사 등 순국선열을 모티브로 한 밀랍인형관 등의 경관은 우리의 애국심을 고취시킨다. 이곳에서 우리는 이러한 경관을 마음에 새김으로써 우리 민족의 역사를 배움과 동시에 우리나라 독립을 위해 소중한 생명을 바친 순국선열들의 넋을 기리기도 하는 것이다(그림 1-5).

한편 경관은 심리를 자극하여 소비를 촉진시키는 역할도 하는데, 특

그림 1-4. 청남대 정원

그림 1-5. 독립기념관 건물 입구

히 현대 자본주의 사회에서는 경관을 상업적 목적으로 이용하는 경우가 늘고 있다. 이러한 역할을 하는 공간으로 문지방 공간(역공간liminal space)을 들 수 있다. 빅터 터너Victor Turner, 샤론 주킨Sharon Zukin 등의 학자에 의해 명명화된 문지방 공간은 사적 공간의 확대와 공공 공간의 축소 과정에서 벌어지는, 사적 공간과 공공 공간의 경계와 소멸 과정을 일컫는 개념으로 '모든 사람에게 열려 있지만 어떠한 지침 없이는 어느 누구의 영역도 아닌 공간'을 말한다. 즉, 사적인 것과 공적인 것, 문화와 경제, 시장과 장소 등을 가로지르고 결합하는 공간으로, 소비문화 공간은 문지방 공간을 대표한다. 소비문화 공간은 단순한 노동 공간도, 문화 공간도, 완전한 소비 공간도 아니기 때문에 문지방 성격을 지닌다고 보는 것이다. 특히 소비 공간에 문화라는 이미지를 덧씌우는 거리축제나 대중교통수단에 붙어 있는 상업 광고, 지하철과 연계된 백화점이나 지하상가 등은 이러한 사례로 볼 수 있다(그림 1-6).

  문지방 공간 외에도 경관을 통해 소비 심리가 촉진될 수 있는 곳으로 테마파크를 들 수 있다. 테마파크는 대중이 대중문화를 선택하는 게 아니라 오히려 대중이 생산자나 정부 혹은 기업에 의해 선택당하는 대표적인 공간이다. 이와 관련하여 디즈니피케이션disneyfication이라는 용어가 있다. 이 용어는 디즈니랜드와 같은 테마파크가 역사와 신화, 그리고 현실과 환상 등을 초현실적으로 조합시켜 그 지역의 특정한 지리적 맥락과는 거의 상관없는 경관을 창출함으로써 사람들의 심리를 따분하고 단조로운 일상에서 벗어나게 하고, 더 나아가 테마파크라는 공간을 통해 더욱 상업적인 소비를 하도록 이끄는 것을 의미한다. 말 그대로 디즈니화(化)됨으로써 테마파크에 있는 동안만큼은 철저히 추억과

그림 1-6. 고속터미널역과 연계된 강남지하상가

환상, 그리고 꿈에 동화되어 그 순간의 시간을 즐기고 소비한다는 것
이다(그림 1-7). 이처럼 경관은 사람들의 심리를 이용함으로써 단순히
수동적으로 감상하도록 내버려 두는 것이 아니라 상업적으로 소비하
도록 만들기까지 한다.

　마지막으로, '가상 경관'의 범주에서 공간을 읽는 방법으로, 영화, TV
드라마, 컴퓨터 게임 등의 매체를 통해 그것이 사실이든 아니든 특정
장소에 대한 이미지를 형성하는 경우가 이에 해당한다. 예를 들면, 드
라마 〈모래시계〉의 촬영지였던 정동진이 관광지로 개발된 경우를 들
수 있다. 암울한 1980년대 시대 상황을 현실적으로 그린 〈모래시계〉는
학생운동을 하다 잡혀 가는 주인공의 모습을 아름다운 동해와 기찻길
로 대비시킴으로써 보다 깊은 인상을 남겼다. 드라마가 방영된 이후 화
면 속 아름다운 배경지에 대한 관심이 쏟아졌고, 이는 당시 시골의 한
작은 무인역에 불과했던 낡은 정동진역을 유명 관광지로 탈바꿈하는
계기가 되었다. 이처럼 영화나 TV 속 가상의 경관이 현존하는 현실 속
경관으로 변모하거나 개발되는 경우를 종종 볼 수 있는데, 이렇게 드러
나는 가상의 공간에 대해 좀 더 깊은 관심을 갖고 살펴 나가다 보면 독

그림 1-7. 도쿄 디즈니랜드에서의 디즈니피케이션

그림 1-8. 정동진역(좌)과 용가리 모형을 모티브로 한 노래방 간판(우)

자로서의 공간읽기가 일상 속에서도 이어지는 신기한 경험을 할 수 있을 것이다. 동네의 작은 노래방 간판 속에서 영화 〈용가리〉1999를 카피한 모형을 마주할 수 있는 것처럼 말이다(그림 1-8).

결국 공간(경관)은 우리의 감상 대상이 되기도 하지만 우리가 만들어가는 것이기도 하다. 또한 경관이 가지는 상징성이나 힘, 그리고 그 자체로 우리에게 적지 않은 정치적·경제적 영향을 끼칠 수 있다는 점에서 중요한 연구 대상이다. 따라서 우리 곳곳에 존재하는 경관을 보다 주의 깊게 관심을 갖고 살펴본다면, 공간을 읽는 방법과 시야를 더욱 넓힐 수 있을 것이다.

지식의 공간

1. 감시와 훈육의 공간

인간은 시각을 통해 필요한 정보의 약 80%를 받아들이기 때문에 무엇을 어떻게 보느냐 혹은 무엇이 어떻게 보이느냐를 굉장히 중요하게 생각하는 경향이 있다. 그러다 보니 권력 구조가 특징인 인간 사회에서 권력 관계에 따른 시각의 방향과 내용도 각기 다르다. 고대 사회는 권력을 가지지 못한 자가 권력을 가진 자를 구경하던 '구경의 시대'였다면, 근대 사회는 권력을 가진 자가 그렇지 못한 자를 숨어서 감시하는 '감시의 시대'였다. 이러한 관계가 명확히 양분되는 것은 아니지만 권력자와 비권력자 사이에는 분명 가시권과 피가시권, 관람권과 피관람권의 차이가 존재한다.

구경의 시대는 크게 두 가지로 나뉜다. 첫째, 자신 스스로가 구경의 대상이 되는 경우이다. 권력자는 자신이 가진 옷과 소지품, 말, 하인 등으로 화려함을 드러내고자 하였고, 비권력자는 이러한 권력자를 구경하였다. 즉, 구경으로 피차 간의 신분과 권력을 확인한 것이다. 예로, '짐은 곧 국가'라고 지칭하던 프랑스의 루이 14세는 아침 식탁에서 스푼으로 계란을 깨 먹는 일부터 시작해 용변을 보기 위해 변기에 앉는 일까지의 모든 일상을 시종을 통해 궁정귀족들에게 실시간으로 중계하였다. 또한 혁명이 일어나기 전까지 프랑스 국민들은 베르사유 궁전에 와서 왕이 식사하고 공식 행사를 집전하는 것을 언제든지 구경할 수 있었다. 특히 왕비의 출산은 경사스러운 일이기에 20~30명의 측근과 몇 백 명의 구경꾼이 지켜보는 가운데 이루어졌다(그림 2-1, 2-2). 이처럼 국가나 왕의 절대 권력은 과시와 구경을 통해 이루어진 경우가 많다. 이는 현대 사회에도 적용되는데, 여성 대통령이나 영부인은 밝고 화사한 색상의 옷을 입는 반면 그녀들의 뒤를 따르는 비서와 수행원들은 검은색 옷차림을 하는 것을 들 수 있다. 또한 외국 사절과의 회담 시에도 통역원들은 검은색 옷차림을 하는 경우가 많은데, 이는 대통령의 숨은 그림자 역할을 하기 위한 것으로 볼 수 있다.

둘째, 자신이 아닌 다른 대상을 구경거리로 제공함으로써 권력을 과시하는 경우이다. 이와 관련한 유명한 건축물로는 이탈리아 로마의 콜로세움을 들 수 있다(그림 2-3). 콜로세움은 검투사들의 결투가 이루어지는 곳이기도 했지만, 기독교인들을 처형하던 공간이기도 하였다. 황제는 인간과 동물의 대결, 검투사들 간의 대결, 이교도(기독교)의 처벌과 박해 등을 통해 이곳에서 시민들에게 최고의 구경거리를 제공하였다. 여기에 황제 자신도 화려한 옷차림을 하고 등장함으로써 또다른 구경거리를 제공하였다. 우리나라의 능지처참이나 망나니에 의한 효수, 그리고 중세 시대 마녀의 자백을 받아 내기 위한 고문과 화형 등도 이에 해당한다. 대역죄인을 처형하는 장면을 일반에게 공개하거나 일부러 많은 사람들이 구경할 수 있도록 공개된 장소에서 처형을 진행함으로써 권력을 보여 주었는데, 대개의 볼거리가 그러하듯 잔인하면 할수록 그 효과는 극대화되었다. 따라서 처형 장소는 더 많은 사람들이 볼 수 있도록 예고되거나 그 장면을 놓친 사람들을 위해 훼손된 사체를 전시하는 곳으로 이용되었다(그림 2-4). 이는 죄인 처벌이라는 그 자체의 의미도 있지만, 권력자의 강력한 권한을 보여 주고, 향후 반란을 방지하는 효과가 있다는 이유로 특정 공간에서 자주 자행되었다.

근대로 들어와 구경의 시대가 감시의 시대로 변화하면서, 권력은 새

그림 2-1. 베르사유 궁전의 루이 14세 동상(좌)과 마리 앙투아네트의 침실(우)

그림 2-2. 루이 16세와 마리 앙투아네트의 식사를 사람들이 구경하는 장면(좌)과 아침 접견 장면(우)
출처: 영화 〈마리 앙투아네트〉(2006)

그림 2-3. 콜로세움

그림 2-4. 공개 처형
출처: 절두산 순교성지 자료관

로운 시각의 비대칭성으로 재현되었다. 이는 회사의 자리 배치를 예로 들 수 있다. 오피스 레이아웃office layout이라고도 표현하는데 쉽게 말해 사무실 내의 배열을 의미한다. 직급에 따라 자리 배치에 차이를 둠으로써 조직 사회의 특성이 그대로 드러나는 것이다. 책걸상의 크기와 종류도 다르지만 특히 위치의 중요성은 무시할 수 없다. 즉, 사무실에서 상급자는 하급자를 쉽게 바라볼 수 있는 위치에 있는 반면 하급자는 상급자를 바라볼 수 없는 자리에 있어야 한다는 절대성이 주어진다. 이처럼 시각의 비대칭적인 관계는 오피스 레이아웃이라는 형태로 재현되었고, 실제로 이러한 상황이 역전되는 경우는 매우 드물다.

감옥과 동물원

감시라는 새로운 통제 시스템이 등장하면서 시각의 비대칭성은 감옥(교도소)이라는 공간에서 가장 극명하게 드러난다. 감옥은 최소 비용의 최고 효율, 최소 인원의 최대 감시가 이루어지는 공간으로, 영국의 공리주의자인 제러미 벤담Jeremy Bentham에 의해 체계적으로 제안되었다.

16~17세기 식민지 개척이 이루어지면서 영국에서는 범죄자를 사회와 격리시키기 위한 목적으로 추방이나 유배라는 구실로 오스트레일리아나 아메리카 대륙에 보내기도 하였다. 그러나 18세기에 미국이 독립을 선언하면서 더 이상 그곳으로 유배를 보낼 수 없게 되자 영국은 자국 내 수용 방안을 모색하게 되었다. 즉, 범죄자들을 효과적으로 격리, 수용하고 감시하기 위한 새로운 시설, 현대적 의미의 감옥이 필요하게 된 것이다. 그러한 상황에서 벤담은 중앙에 높은 감시탑을 두

고 주변에 죄수의 방을 빙 둘러놓은 새로운 형태의 감옥을 제안하였는데, 이는 간수 한두 명이 죄수 수백 명을 쉽게 감시하고 관리할 수 있다는 큰 장점이 있었다. 벤담이 고안한 감옥은 당시 5층 정도의 커다란 원형 건물로, 중앙에는 간수의 감시탑이 있고, 그 주변을 둘러싸고 죄수의 방이 있으며, 죄수의 방에는 외부를 향해 큰 창이 설치되어 있었다. 외부의 빛이 죄수의 방을 투과하면서 죄수의 모든 행동이 중앙의 간수에게 낱낱이 보여지지만, 간수의 행동은 죄수들에게 잘 보이지 않는 시각의 비대칭 현상이 일어난다(그림 2-5). (밤에 차폭등이 비출 때를 연상한다면 이 원리가 더욱 쉽게 이해될 것이다.) 물론 이러한 감옥은 벤담의 독자적인 발명품은 아니다. 이미 존재하던 형식들을 체계적으로 정리하여 한 단계 더 효율적으로 꾸린 형태라고 보아야 할 것이다. 다시 말해, 그는 베르사유 궁전 안에 있던 동물원에서 영감을 받아, 중세 캐슬castle의 지하 감옥(나무로 만든 창살 속에 죄수를 감금한 형태의 감옥)을 지상으로 끌어올리고, 창이 없던 감방에 오히려 큰 창을 설치함으로써 지금과 같은 형태의 감옥으로 발전시켰다.

그림 2-5. 제러미 벤담(좌)과 그의 판옵티콘 감옥 스케치(중), 현대적 의미의 원형 감옥(우)

베르사유 궁전에는 절대왕정 시대 식민지 각국에서 포획한 동물들을 전시하는 동물원이 있었다. 이를 메나주리menagerie라고 하는데, 메나주리는 단순한 전시 목적이나 주인의 부를 과시하기 위한 수단으로써 동물을 수집하는 행위를 멸시적으로 표현하는 용어이다. 그러므로 일반적인 의미에서 메나주리는 평범한 동물원이라기보다는 과시를 위한 수집 내지는 사적 취향으로 간주된다. 베르사유 궁전의 동물원은 여섯 개의 대륙을 상징하는 육각형 형태로, 각 조 별로 그 대륙에서 자생하는 동물을 두었다(그림 2-6). 당시 이곳 동물원에는 식민지에서 잡혀 온 원주민도 전시되었다. 프랑스 절대왕정은 원주민을 인간이라기보다는 인간과 원숭이 사이에 있는 진화 과정의 생물체로 보고, 이들을 흥미로운 동물이자 관심과 연구 대상으로 삼았다고 한다. 이처럼 원주민을 동물과 함께 전시하고 그 가운데에 세상의 중심을 상징하는 중앙 감시탑을 두어 이들을 구경하게 하고 탈주도 감시하였다. 여기에 착안한 벤담은 베르사유 궁전 동물원에 사람만 남겨 새로운 형태의 감옥을 창조한 것이다. 그리고 이에 더해 중세 캐슬의 지하 감옥을 지상으로 끌어올려 더욱 수월한 감시를 유도하는 새로운 감옥을 만들어 낸 것

그림 2-6. 베르사유 궁전 정원에 있었던 동물원(좌)과 현재의 베르사유 궁전 정원(우)
출처(좌): 프랑스국립박물관연합(RMN)

이다.

　일반적으로 시각은 대칭적이고 대등한 것이다. 공공장소에서 누군가가 나를 쳐다보면 나 역시 그를 쳐다보게 된다는 점은 이를 잘 반영한다. 그렇게 서로를 바라보면서 '저 사람이 나를 보고 있다'라는 것과 동시에 '나 역시 그를 볼 수 있다'라는 것을 인지하고 있기 때문에, 즉 시각의 대칭성이 발생하기 때문에 우리는 공공장소에서 함부로 코를 파거나 입을 크게 벌려 하품을 하거나 혹은 교실이나 시험장에서의 부정행위를 자제하는 것이다. 그런데 이러한 시각의 대칭성은 감옥과 동물원이라는 공간에서 완벽하게 비대칭성으로 바뀐다. 당연히 시각의 비대칭성은 감시와 통제를 훨씬 수월하게 만들어 준다. 특히 감옥처럼 피감시자가 현재 자신이 감시를 받고 있는지 아닌지를 잘 모르는 경우, 피감시자는 타율을 스스로 내재화해 자율로 만들어 버리는데, 이때 감시의 효과가 가장 극대화된다. 이는 결국 감시자의 입장에서 최소의 노력으로 최대의 효과를 얻을 수 있게 되는 것이다. 이 원리를 판옵티콘panopticon 혹은 일망감시방법이라고 하는데, 판옵티콘은 그리스어로 '모두'를 뜻하는 pan과 '본다'를 뜻하는 opticon의 합성어로 '진행되는 모든 것을 한 눈에 파악할 수 있는 능력'을 말한다. 벤담의 공리주의, 즉 '최대 다수의 최대 행복'이라는 모토는 그의 원형 감옥을 대표적인 판옵티콘 공간으로 만들 수 있었다.

　19~20세기의 감옥 건축에도 이 판옵티콘 원리가 적용되었다. 그리고 벤담의 원형 판옵티콘은 감옥뿐만 아니라 점차 수용소, 병원, 도시로까지 확대·적용되었다. 감옥이 반사회적인 사람들의 교도와 교정, 즉 정신적으로 잘못되고 결함이 있는 사람들을 제대로 교정하여 사회

로 환원시키는 공간이라는 의미를 갖는다면, 병원은 정신이 아닌 육체적으로 고통받는 사람들을 치료·치유하여 사회로 환원시키는 공간이라는 의미로 이어졌다.

병원과 수용소

병원의 기원은 고대로 거슬러 올라간다. 병원은 고대 로마제국에서 병이 들어도 돌보아 줄 사람이 없는 군인과 노예를 위해 국가에서 건립한 최초의 수용 시설이었다. 이 시설은 긴 복도에 여러 개의 방들이 늘어선 형태로 호스피티아hospitia 혹은 호스피탈리아hospitalia라고 불렸는데, 호스피티아는 로마 저택 안에 마련된 손님용 침실을 일컫는 것으로, 치료보다는 숙식을 제공하는 시설이라는 의미가 더 강하였다. 과거에는 병에 걸리면 주로 집에서 치료하였다. 따라서 당시 집이 아닌 호스피티아에 수용된다는 것은 돌보아 줄 사람이 없거나 고칠 수 없는 병에 걸렸다는 것을 의미했고, 그런 의미에서 많은 사람들은 호스피티아의 입소를 꺼렸다. 즉, 이 시대의 병원은 치료를 목적으로 했다기보다는 격리소나 수용 시설로의 의미가 더욱 컸다.

중세 시대에는 수도원과 교회에서 순례자, 여행자, 행려자 등이 아프거나 돌보아 줄 이가 없게 되면 이들에게 숙식을 제공하는 시설을 운영하였다. 이 시설 역시 로마 시대와 마찬가지로 치료보다는 가난하고 병든 이들에게 숙식을 제공한다는 구빈원救貧院의 성격이 더 강하였다. 당시 이러한 곳을 호스피스hospice나 호텔 듀hotel-dieu라고 불렸는데, 이들 단어에는 하나님의 집이라는 의미가 들어 있다. 지금도 쓰이는 호스피스라는 단어는 여기에서 비롯된 것이다. 중세 시대만 해도 병은 신이 내린 징벌이라고 믿었다. 그러다 보니 이곳에서의 치료는 기본적인 간호 외에도 정결례淨潔禮와 구마驅魔의식도 병행되었다. 따라서 중세 수도원이나 교회, 호스피스는 건축 형태에서도 차별화되었다. 수도원과 교회는 긴 회랑을 가운데 두고 양옆으로 신자들의 의자가 마련되었고, 호스피스는 같은 형식으로 의자 대신 침대가 놓이는 형태로 십자가의 모양을 갖추었다. 이러한 배치는 적은 수의 수녀가 회랑을 돌면서 많은 환자들을 돌볼 수 있다는 장점이 있었는데, 이는 후에 나이팅게일 병동으로 발전하였다.

　19세기 이후 근세로 들어와, 영국의 간호사 플로렌스 나이팅게일Florence Nightingale은 병동에서 최소 노력의 최대 효용 이론을 체계적으로 확립하였다. 나이팅게일은 크림전쟁1853~1856 당시 야전병원의 간호사로 일하면서 병동의 계획과 간호 업무 전반에 많은 개혁을 일으켰다. 야전병원의 의료진 수는 제한된 반면, 부상병 수는 통제 불가능할 정도로 많아 벤담의 공리주의가 절실히 필요한 상황이었다. 이에 나이팅게일은 중세의 호스피스 형태를 보다 체계화하여 '나이팅게일 병동'을 고안하였다(그림 2-7). 나이팅게일 병동은 긴 복도를 따라 양옆으로 침상이 놓여 있고 너스 스테이션nurse station이 중앙에 있는 형태로 벤담의 판옵티콘을 직사각형으로 늘려 놓은 모습이다. 극단적으로 보면, 너스 스테이션은 간호사가 단 한 명일지라도 360° 회전을 주기적으로만 진행한다면 병동 안에 있는 약 백 명의 환자를 감시하고 간호할 수 있는 시스템인 것이다. 이는 이후 종합병원으로 확대되면서 그 공간의 형태가 장방형에서 방사형으로 변화하였다.

　한 가지 더 덧붙인다면, 19세기는 의학 기술이 비약적으로 발전하던

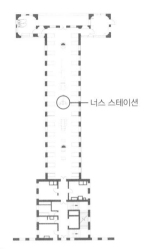

너스 스테이션

그림 2-7. 나이팅게일(좌)과 그녀가 고안한 나이팅게일 병동(우)

시기였다. 이 시기에 등장한 소설『프랑켄슈타인』과『지킬박사와 하이드』는 의학 기술의 발달이 가져다 주는 경이로움과 공포감을 그린 작품이다.『프랑켄슈타인』은 처형당한 죄수의 사체 일부를 하나씩 조합해 봉합 수술을 한 뒤 심장에 전기 충격을 주어 소생시킨 인조 인간을 그리고 있으며,『지킬박사와 하이드』는 지적이고 덕망 높은 지킬박사가 약물을 마시게 되면 전혀 다른 인격의 하이드로 변한다는 내용을 담고 있다. 이 두 작품 모두 외과 수술과 약물 복용에 대한 당시의 충격을 묘사하고 있는데, 현대의 의학 기술이 약물 치료에 기초하고 있다는 점을 감안한다면, 지금의 병원을 19세기의 산물로 볼 수 있다. 또한 당시 파스퇴르Louis Pasteur는 미생물의 존재를 발견하고 감염이 질병의 주된 원인임을 밝혀 냄으로써 공간의 변화에도 큰 영향을 주었다. 즉, 기존의 대병동 다병상 체제였던 나이팅게일 병동은 세분화된 형태로 변모하여 20세기의 병원은 성별, 연령별, 질환별로 나뉘어졌을 뿐만 아니라 규모가 더욱 확대되어 외과, 내과, 소아과, 산부인과 등 별도의 병동으로 분리되었다.

그런데 병원과 감옥이라는 통제의 시스템 속에서 이 두 공간이 완전히 분리되지 않고, 병원과 감옥의 성격을 모두 가진 시설도 존재하였다. 19세기의 정신병원은 실제로 정신병이 있는 사람들의 치료를 목적으로 둔 곳이기도 했지만, 당시 몸이 불편한 사람을 귀찮게 여기거나 떼어 두고 싶어 정신병이라는 멍에를 씌워 평생을 감금시킬 수 있는 장치로 이용되기도 하였다. 1930년대 일제에 의해 만들어진 우리나라의 '소록도 갱생원(현 국립소록도병원)' 역시 병원과 감옥의 성격을 모두 가진 시설에 해당한다. 당시 소록도 갱생원은 한센병자라는 이유로 소록도라는 섬에 차별·격리·감금된 사람들이 치료 대신 온갖 학대와 처벌에 시달리던 곳이었다. 격리와 수용이라는 목적으로 만들어진 곳이기 때문에 이곳의 원생들은 그에 맞는 치료를 받는 대신 섬 안에 갇혀 불합리한 노동과 고초를 겪었다. 이와 유사한 시설로, 제2차 세계대전 중에 폴란드 남부의 오시비엥침Oświęcim(독일어로 아우슈비츠Auschwitz)에 만들어진 아우슈비츠 수용소를 들 수 있다. 아우슈비츠 수용소는 유대인들을 하나의 인종적 질병으로 간주해 가두고 생체 실험한 곳으로, 이곳에서 나치에 의해 약 4백만 명의 유대인이 학살되었다. 현재에도 남아 있는 아우슈비츠 수용소의 가스실, 철벽, 고문실 등은 비인간적인 만행이 저질러진 슬픈 역사의 공간으로서 당시를 증거하고 있다(그림 2-8).

한편 도시의 경우는 중앙에 감시탑 대신 기념비적인 주요 건물을 배치하고 그 건물을 중심으로 방사형 도로를 내어 도시계획을 하고 통제를 용이하게 하고자 하였는데, 파리는 개선문을 중심으로 방사형의 도로가 뻗어 나가도록 설계된 대표적인 사례이다(그림 2-9). 빅토르 위고Victor-Marie Hugo의 소설 『레 미제라블』에 나타난 것처럼 파리는 정치적 혼란을 겪으면서 민중들의 반란과 폭동의 위협이 상존했던 도시이다. 당시 정부는 그 혼란을 방지하기 위해 강제적인 힘의 접합부에 건축물을 세웠는데, 그것이 바로 파리 중심에 있는 개선문이다.

그림 2-8. 아우슈비츠 수용소 외부의 벽(좌)과 내부의 가스실(우)

그림 2-9. 개선문을 중심으로 설계된 도시, 파리

학교

벤담의 공리주의와 계몽주의가 점차 퍼져나가면서, 감옥과 병원에서 나아가 교육 공간에도 적용되었다. 백지 상태로 태어나는 인간의 무지함을 교육을 통해 사회적인 인간으로 양성하자는 움직임은 학교의 탄생으로 이어졌다. 다수의 익명적 사회관계 속에서 능력과 개성이 뛰어난 사람보다는 규범과 규격에 맞는 사람이 필요하였다. 읽고, 쓰고, 셈하는 등의 기본 소양을 갖춤과 동시에 사회가 정해 놓은 규범과 규칙을 잘 지키는 사람을 양성하는 장소로서 학교가 등장한 것이다.

한 사람의 교사와 수십 명의 학생은 결국 벤담의 판옵티콘을 적용한 새로운 공간을 탄생시켰다. 학교의 판옵티콘은 강단에 홀로 선 교사와 그와 마주한 학생들로 이분화된다(그림 2-10). 시각의 불평등성에 근거한 타율적 내재화는 상대적으로 적은 편이지만 대신 발언권에 있어서는 비대칭성이 적용된다. 우리가 처음 학교에 입학하면 자주 듣는 말이 아마 "다른 데 보지 말고, 여기 선생님을 보세요.", "옆 사람과 떠들지 마세요.", "궁금한 게 있으면 손 들고 물어보세요." 등일 것이다. 이처럼 수업 중 교실 내의 의사소통은 교사와 학생 간의 소통이 먼저이고, 학생과 학생 간의 소통은 상대적으로 덜 허용된다.

또한 교사의 발언은 당연한 것이지만 학생의 발언은 먼저 의사를 표현하고 교사의 허락이 떨어져야 비로소 가능하다. 감옥이 감시권과 피감시권에 대한 통제가 주를 이룬다면, 학교는 이처럼 정보의

그림 2-10. 한 명의 교사와 다수의 학생들로 이분화되는 학교

표 2-1. 공리주의가 적용되는 공간, 그 관계성

	관리자	피관리자	제3의 이용자	공리 원칙
동물원	사육사	동물	관람객	사육
감옥	간수	죄수	면회객	교도와 교정
병원	의사	환자	문병객	의료와 치료
학교	교사	학생	학부모	교육

선택적 차단과 허용으로 통제된다. 물론 이는 최소의 노력으로 최대의 효과를 거둘 수 있는 교육 공간의 필요성에 따라 나타난 당연한 결과이다.

따라서 사무실, 동물원, 감옥, 병원, 그리고 학교는 소수의 관리자가 다수의 피관리자를 올바른 방향이나 원하는 방향으로 교정·치료·교육한다는 공통점이 있으며, 권력 관계에 따른 가시권과 피가시권의 비대칭성이 나타난다는 점에서 비슷한 맥락을 형성하는 공간들이다(표 2-1).

이처럼 벤담의 판옵티콘은 많은 공간과 건축 유형에서 응용이 가능하다. 한편으로 우리가 태어나서 죽을 때까지 이 판옵티콘의 원리에서 벗어날 수 없다는 점에서 판옵티콘 공간을 재고해 볼만하다. 대체로 우리 인간은 태어나자마자 병원의 신생아실에 일렬로 눕혀진다는 점, 여기서 간호사의 관리·감독하에 정해진 시간에 가족들을 유리창 너머로 확인한다는 점, 병원에서 집으로 오면 판옵티콘의 또 다른 응용 형태인 아파트에서 생활한다는 점, 이후 학교라는 새로운 판옵티콘 시설로 입학하고 이곳에서 성인이 될 때까지 오랜 시간 교육을 받고 졸업한다는 점, 그 뒤로는 회사에 입사하여 지위적으로 중첩된 감시 체계에 놓인다는 점, 직급이 상승하면서 감시를 당하는 일보다는 감시를 하는 일

에 놓이게 되지만 이는 생각보다 그리 길지 않다는 점, 나이가 들어 은
퇴를 한 후에는 어쩌면 병원이나 요양원 등에 거주하게 될 수도 있다는
점, 그리고 죽은 후에도 납골당이나 묘소에 정연하게 안치되어 관리자
의 관리를 받는다는 점 등에서, 한 번쯤은 판옵티콘 원리가 적용된 공
간에 대해 생각해 볼만하지 않을까?

2. 지식인의 재창출 공간

대한민국에 태어난 상당수의 학생들은 초·중·고교 과정을 거쳐 대
학교에 진학하고, 대학교를 졸업한 후에는 조금 더 안정적일 수 있다는
이유로 많은 이들이 공무원 시험에 도전한다. 이러한 상황이 눈에 띄게
드러나는 공간이 있다. 바로 노량진 학원가, 대학 캠퍼스, 그리고 신림
고시촌이다. 여기서는 대학가로서 여전히 핫hot한 공간인 신촌과 홍대
를 살펴보고자 한다.

노량진 학원가

대한민국의 많은 학생들이 대학 입시에 실패하게 되면 운명처럼 주
어지는 것이 있다. 바로 재수생이라는 선택이다. 필자 역시 한 많고 야
속한 재수생의 삶을 경험한 바 있기에, 이들이 모여 있는 노량진 학원
가의 모습은 낯설지 않다. 재수생들은 자신들의 삶을 '제2의 고3의 삶'
을 이어 가고 있다고 말하며, '진짜 졸업식은 학원에서!'라고 농담처럼
이야기한다. 스스로를 '재돌이'와 '재순이'로 칭하는 그들은 노량진에
모여 있는 학원에서, 그리고 학원의 좁은 복도에서 그들의 또래와 그들

만의 감수성으로부터 내몰린 타자의 얼굴을 읽는다. 이들로 인해 노량진 학원들은 계절적 주기 현상이 나타난다.

재수 생활의 초기에 해당하는 3월에는 잠재된 피해 의식과 풋내기 경쟁심으로 서로에게 침묵과 외면으로 일관한다. 그리고 이 시기에 학원에서 첫 시험을 치르면서 학원 로비에 일명 '빌보드차트'라고 불리는 1등부터 100등까지의 순위가 적힌 현수막을 보며 자극을 받는다. 그러나 약 한 달이 지나 4~5월이 되면 몇 개의 영단어와 몇 개의 수학 공식에 얽매인 자신들의 어설픈 자기 정당성 논리는 무너져 내리고, '누가 담임 선생님하고 싸웠다더라', '누가 점심시간에 담을 넘다가 수위 아저씨에게 걸렸다더라', '누구누구가 서로 눈이 맞았다더라.' 등 새로운 이야기와 대화들을 생성하며 그들의 공간에 익숙해진다. 이렇듯 새 친구와 새로운 생활에 적응하는 재수 적응기에는 반은 고교 시절의 규율, 반은 대학생 티를 어설프게 흉내 내면서 나름의 객기와 만용으로 노량진 일대를 헤매고 다닌다. 아침부터 밤까지 노량진의 재수생들은 당구장, 커피숍, 오락실, 만화방 등에서 소위 '땡땡이'를 치기도 하며 노량진을 가장 친근한 일상 공간으로 만든다. 그러다가 6~7월이 되면 한동안 잘 참고 있던 학생들이 입시 학원의 강제적인 규율에 잘 적응하지 못하면서 학원을 떠나는 대규모 인구 이동의 달이 도래한다. 물론 그 자리는 항상 대기하고 있는 새로운 학생들(대학에 입학했으나 학과에 잘 적응하지 못했거나, 아니면 더 좋은 대학을 가려고 온 이들)로 대체되어 노량진의 학원가는 그 모습 그대로 유지된다. 10월은 재수생들이 넘어야 하는 마지막 고비이다. 11월에 있는 수능 시험을 앞두고 재수생들의 극심한 걱정과 불안이 나타나는 시기이기 때문이다. 마음을 잡고 공부에 집중해야 할 시기이지만, 심리적 동요가 몰아치는 달이기도 하다. 10월 말이 되면 노량진 일대를 헤매고 다녔던 학생들도 위기를 느끼고 긴장 상태였던 3월처럼 마음을 다잡고 공부에 집중한다. 12월은 대부분의 재수생이 대학 진학에 성공하거나 혹은 삼수나 사수를 결심하는 시기이다. 이처럼 거대 도시 서울의 외곽 지역에 자리 잡은 노량진 학원가는 가장 서럽지만 가장 기억에 남는 스무 살의 경험이 서린 공간이 된다.

우리나라 최대의 학원가 블록을 형성하는 노량진은 서울의 새로운 지형학적 차별화의 과정을 읽을 수 있는 생생한 텍스트 중 하나이다. 서울의 정치적·경제적·문화적 지형도를 살펴보면, 과거에는 단순히 땅을 비대하게 정복해 나가는 비합리적인 공간 팽창이었다면, 현대에는 주어진 땅을 합리적으로 분할하고 특화하고 있다. 즉, 과거의 지형과는 달리 자기조절적인 공간 팽창으로 전환되는데, 한정된 공간을 기능적 차별화를 통해 증폭시키는 단계를 거치는 것이다. 이러한 측면에서 서울은 일정한 공간을 공간적 특수성에 맞게 압축하고 응축하여 그 효용을 극대화하는 전략을 펼쳤다. 예로, 압구정과 신촌을 소비 공간으로, 구로동과 가리봉동을 생산 공간으로, 시청과 광화문을 행정 공간으로, 그리고 목동과 상계동을 거주 공간으로 만든 것을 들 수 있다.

노량진의 경우는 사설 교육 공간이라는 전통적 입지를 더욱 강화하고, 동시에 서울의 공간 분할과 기능적 차별화 전략을 충실히 이행함으로써 형성된 공간으로, 노량진의 형성 이유로는 다음을 들 수 있다. 첫째, 노량진은 서울 남부의 교통 요지에 위치한다는 지리적 이점을 지녔다. 즉, 노량진은 북쪽으로는 한강을 건너 도심으로 진입할 수 있고, 서쪽으로는 영등포를 거쳐 수도권과 연계될 수 있으며, 남쪽으로는 강남과도 연결된 지점에 위치한다. 여기에 1970년대 서울 도심의 집중화 방지를 위해 교육기관들을 사대문 밖으로 이전시키는 과정에서 다수의 학원들이 교통의 결절지였던 노량진으로 옮겨온 것을 두 번째 이유로 들 수 있다. 결국 학원 입지에 최적의 조건을 갖춘 노량진은 학원 공간으로서의 공간적 기능을 충실히 수행할 수 있었던 것이다.

따라서 현재의 노량진은 대입 종합반과 단과반, 외국어, 고시, 중장비, 전기·전자, 회계, 미술, 디자인, 요리, 미용 등의 학원들이 빽빽이 들어선 학원가 블록을 형성하고 있어, '학원 하면 노량진'이라는 대표 이미지를 형성하였다(그림 2-11).

이러한 노량진의 지배적인 기능과 함께 부상한 경관들이 있다. 그것은 바로 새로운 소비 공간이다. 학원 공간을 통해 형성된 대규모 교육 주체들은 소비 주체로 전환되었다. 노량진 학원가에서 자주 볼 수 있는 많은 길거리 음식점과 패스트푸드점, 분식점과 저렴한 식당, 커피숍, 각종 중저가 브랜드나 보세 옷 가게, 극장, 편의점, 노래방과 당구장,

그림 2-11. 노량진 학원가

그림 2-12. 새로운 소비 주체인 학생들로 인해 소비 공간으로 부상 중인 노량진

호프집 등은 이곳의 학생들이 막강한 소비 주체라는 것을 입증한다(그림 2-12). 기존에 노량진이 가졌던 공간적 특성에, 이 공간에서 교육받는 새로운 주체들이 결합된 노량진의 특수성은 현재 젊은 청춘들이 생산하는 특수성으로 자리 잡았다. 노량진에서 드러나는 집단적 교육 주체들의 집단적 소비 주체화는 이곳을 다른 지역보다 패스트푸드점, 커피숍, 옷 가게 등이 많은 공간으로 만들었고, 이는 젊은 교육 주체들의 소비 욕망을 간파한 자본의 공간 지배로 해석할 수 있다. 결국 학원이라는 의미가 담고 있는 지적 교육 공간과 경제적 소비 공간이라는 다소 부자연스러우면서도 자연스러운 동거는 자본의 유연화 전략이 생산하는 새로운 공간의 위상학으로 볼 수 있을 것이다.

　노량진 학원가의 모습을 보고 있노라면, 한 가지 생각이 강하게 든다. 과연 지구상에서 대학에 들어가기 위해, 혹은 (확실하지만도 않은) 안정된 미래를 보장받기 위해 이처럼 파행적이고, 총체적이며, 운명적으로 돈과 시간과 인생을 바치는 나라가 있을까 하는 것이다. 일반적으로 공교육의 기여도가 떨어질수록 사설 학원의 역할은 커진다. 결국 노량진 학원가가 보여 주는 것은 대한민국 공교육의 위기가 사설 학원 산업의 성황으로 이어진 것으로 해석할 수 있다. 사실상 우리는 어려서부터 학원에 길들여졌다. 어릴 적부터 학원에 다니고 배우며 길들여지는 것을 당연시 여겨 왔다. 대부분 유치원, 초등학교 시절부터 피아노, 미술, 웅변, 무용, 태권도, 속셈 등 각종 학원을 한 번쯤은 거쳐 봤을 것이다. 실제로 아이들이 한꺼번에 피아노, 미술, 무용, 태권도, 속셈 학원 등을 다니는 것은 장기적인 교육 전망이 있어서라기보다는 단지 거기에 학원이 존재하고 있기 때문이라는 말이 있는데, 틀린 말 같지는 않다. 그리고 중학교와 고등학교를 거치면서 본격적으로 입시 학원에 뛰어든 교육 주체들은 너무나도 자명하게 학원 주체로 성장하고 있다.

　노량진 학원가는 이러한 우리 시대 교육의 현실을 비추고 있다. 그리고 이러한 버거운 현실은 특히 학원가의 밤 풍경에서 술에 취해 비틀거

그림 2-13. 노량진 학원가의 밤

리는 학생들로 대변되고 있다. 학원의 불이 꺼진 시간에도 아직 그 공간 속에 버티고 서 있는 교육 주체들은 우리의 아픈 속살을 드러낸다 (그림 2-13).

대학 공간

어렵고 힘든 고등학교와 재수 생활을 거치면 우리는 대학이라는 공간에 들어간다. 그런데 1990년대 이후 대학 공간의 지배적인 담론은 '대학의 위기', '대학 문화의 정체성 상실'이라는 말로 대체되었다. 왜 대학을 위기라 하고, 무엇을 대학의 정체성 상실이라고 표현하는 것일까? 혹시 '대학은 어떠해야 한다', '진정한 대학 문화란 이러한 것이다' 라는 이상화된 개념의 틀에 대학이라는 공간을 끼워 맞추려는 것은 아닌지 한 번 생각해 보아야 할 때이다.

대학 공간이란 단순한 물리적 공간만을 의미하는 것이 아니다. 거시적인 사회적·문화적 과정 속에서, 그 공간 주체들에 의해 끊임없이 생성·변화·소멸되는 하나의 사회적 공간인 것이다. 대학을 순수한 지성의 상아탑, 자유와 실험의 장, 저항과 비판의 공동체로 보거나 이와는 반대로 기성 사회가 요구하는 훈육 주체의 양성소 등으로 대학에 다소 상충된 의미를 부여하는 것은 그만큼 대학이라는 공간이 다중적인 특징과 유목적인 정체성을 지녔기 때문이다. 실제로 대학의 주체는 계속 바뀌고 있으며, 그 구성 역시 다양하고 이질적이다. 그러므로 그들이 만드는 공간과 문화 역시 다양한 색채를 띠는 것은 매우 당연한 일이다.

이렇듯 대학은 이질적인 주체와 조직, 공간과 문화의 틈새를 가로지르는 다양한 의미들이 부딪히고 경합하면서 역사적으로 변천해 왔다. 그런 의미에서 대학 공간을 의미 정치의 공간으로 간주하기도 한다. 따라서 다양한 주체와 사회와 공간이 만나는 대학 공간의 정체성과 문화를 살펴보고자 한다.

대학은 크게 네 가지 의미를 지닌다. 첫째, 지배 엘리트를 양성하는 교육기관이자 학문과 연구의 전당으로서의 '제도적 의미', 둘째, 기성 사회에 아직 편입되지 않은 청춘들과 예비 노동자로서 사회 진출을 준비하는 공간으로서의 '세대적 의미', 셋째, 순수한 열정을 가진 청춘과 감수성으로 충만한 자유와 실험의 장으로서의 '정서적 의미', 마지막으로 현실 사회에 대한 비판과 사회 변혁의 의지를 실현하는 실천적 공간으로서의 '정치적 의미' 등이 그것이다. 이러한 대학 공간의 다중적인 의미들은 대한민국의 역사적 변천 과정과 사회적 맥락 속에서 서로 다른 위상을 지니며 시대에 따라 특정한 의미와 정체성을 부여해 왔다.

1970년대는 청년 문화가 본격적으로 등장한 시기였다. 그래서 자유주의적 저항 문화라는 정체성이 대학 공간에 스며들었다. 당시 유신 정권하에서 권위주의에 따른 권력과 기성 사회의 억압에 저항하려는 문화는 대학이라는 공간에서 통기타와 생맥주, 청바지와 장발 등 서구적 스타일을 재현하는 것으로 소극적 상징을 나타내었다. 영화로도 친숙한 1970년대 통기타 그룹 '쎄시봉(C'est Si Bon은 '매우 좋다'라는 의미를 지녔다.)'은 당시 이러한 대학 문화를 보여 주는 예이다(그림 2-14).

1980년대에 들어와서는 대학 공간이 집단적 저항과 비판의 공간으로 크게 변모하였다. 이 시기에 학생운동 문화와 대학 공동체가 결합되어 민중주의적 저항 문화의 공간이라는 정체성이 형성되었다. 민주화

그림 2-14. 1970년대 대학의 통기타 문화. 쎄시봉의 한 장면(좌)과 신촌의 한 통기타 카페(우)
출처(좌): 영화 〈쎄시봉〉(2015)

라는 보편적 가치에 대한 열망, 군부 독재와 자본주의의 모순된 사회구
조 등에 불만을 가진 대학생들의 공동 욕구와 공동체 의식은 이질적이
었던 대학생들을 하나의 정체성으로 연결하였다. 특히 이한열 열사의
죽음은 신촌 대학가를 중심으로 학생운동을 더욱 활발하게 이끄는 계
기가 되었고, 이는 민중·진보·변혁 등 거대한 담론들이 대학 공간으
로 집중되는 결과를 낳았다. 이 시기에 신촌 근처에 살았던 필자 역시
(당시 어린 아이였음에도 불구하고) 아직까지도 최루탄 가스의 지독한
냄새를 기억하고 있음을 볼 때, 당시 대학이라는 공간이 얼마나 크게
민중문화의 중심으로 자리 잡고 있었는지, 그리고 이것이 공공 공간의
정체성으로 확립되어 갔는지를 알 수 있다. 그래서 이 시기의 대학은
동아리방과 과방뿐만 아니라 대학가의 주점과 서점, 그리고 도심 거리
및 광장을 담론 소통의 장으로 이끌어 내는 데 큰 역할을 하였다.
　그런데 1990년대로 들어오면서 국제 정세가 크게 변화하였다. 1990
년 사회주의 국가였던 동독이 자본주의 국가였던 서독에 흡수 통일되
었고, 1991년에는 소비에트 연방이 붕괴하였다. 이렇게 사회주의권이

붕괴되는 상황에서 우리나라 역시 문민정부가 출범하였다. 그러면서 소비대중문화가 확산되었고, 대학은 파편화된 소비문화의 공간이자 일상적 저항 문화의 공간이라는 새로운 정체성으로 변화하기 시작하였다. 즉, 1980년대의 집단적 비판과 저항의 자양분이던 이념적 담론이 점차 소멸해 가고, 그 사이로 시장논리와 소비자본주의 문화가 들어오면서 대학의 새로운 주체로 등장한 이른바 '신세대(X세대로 불리기도 하였다.)'들은 이러한 소비문화를 확산시켜 나가는 데 큰 역할을 하였다(그림 2-15). 이에 따라 대학 공간은 점차 파편화되고 분절화되었다. 그리고 이들에 의해 대학 공간은 '대학이란 어떠해야 한다'는 강박관념을 처음으로 벗어던지게 되었다. 90년대 학번들은 대중문화에 매료되었고 그들의 취향을 그대로 이데올로기와 대체하였다. 감각과 스타일, 욕망을 중시한 신세대들은 취업을 위해 전공과 무관한 자격증 취득에 전념하는 부류, 유학을 준비하는 부류, 개인적인 스타일을 추구하며 즐겁게 현재를 보내는 부류(오렌지족, 야타족이라는 단어의 등장은 이들 일부 계층을 반영한다.), 여전히 80년대 학번들처럼 비판과 저항에 헌신하는 부류 등으로 다양하게 나뉘었다. 물론 그 어디에도 속하지 않는 학생들도 존재하였다.

한편 대학생이 급증하면서 더 이상 대학은 계급적 신분 상승의 장이될 수 없었다. 대신 기존의 경제적·사회적 불평등한 구조를 재생산하거나 심화시키는 계급 재생산의 장이 되었다. 그리고 함께 어울렸던 광장이나 시위와 같은 단체 문화에서 PC방(컴퓨터가 있는 자신의 집을 포함한), 노래방, 비디오방, 게임방 등 개인적으로 즐기는 방 문화로 바뀌어 갔다. 그런 상황에서 대학은 대학의 취업 학원화, 도서관의 고시

그림 2-15. 1990년대 젊은 세대들의 소비대중문화를 반영하는 광고 및 작품들

그림 2-16. 광고로 얼룩진 대학의 게시판(좌), 머무는 공간이 아닌 지나가는 공간으로서의 대학 캠퍼스(우)

원화, 학부제에 따른 학생 자치 공간의 분절화 등과 같은 공공 공간의 사적 공간화 현상이 나타나고 있다. 학교의 게시판 역시 대자보에서 어학연수, 취업 정보, 상품 홍보 등으로 바뀌고 있다. 이에 따라 다양한 주체들의 욕망이 함께 소통할 수 있는 문화 공간으로서 대학의 역할은 약화되고 있다. 대학 내 건물은 점차 늘어가고 있지만, 단절된 공간의 배치는 대학 공간을 그냥 지나치는 길로 여기도록 함으로써 유기적 소통 관계망은 더욱 축소되었다(그림 2-16).

그러나 이러한 대학 공간의 변화를 부정적인 것으로만 보아야 할까? 결론부터 말하면 그렇지만은 않다. 1990년대부터 시작된 대학의 소비 공간화는 한편으로는 현실적 어려움에 부딪쳐 다른 배출구를 찾는 생성적 과정으로서 공간을 보다 일상생활과 가까운 문화로 자연스럽게 받아들이는 시도로 볼 수 있다. 더 나아가 이는 일상적 저항 문화 공간의 창출이라는 새로운 정체성을 형성하는 데 도움을 주고 있다. 일상적 저항 문화 공간은 다양한 측면에서 나타나고 있는데, 그중 하나는 학교 중심의 공간을 학생들의 공간으로 다시 소비하자는 실천적 움직임이다. 운동장을 강의실로 활용하거나 현장 실습을 대학 교육의 일환으로 진행하거나 혹은 동영상 강의를 활용하는 등의 다양한 방법은 대학 공간의 활용도를 다각도로 조명하고 구축하는 방안이라고 할 수 있겠다. 또한 주류 질서에 저항하면서 대학 공간에서 당당하게 놀 권리를 주장하고, 육체적인 즐거움을 추구함으로써 대학 공간을 감성적이고 개방적인 공간으로 탈바꿈하고자 하는 흐름도 그 예가 될 수 있을 것이다. 즉, 댄스 동아리, 성소수자 동아리 같은 소수 문화 동아리라든지 지배적인 자본 논리로부터 상대적으로 자유롭고 저항적인 언더그라운드밴드나 인디밴드와 같은 얼터너티브alternative가 활성화되는 현상은 이를 반영한다.

따라서 대학 공간은 하나의 색이나 단일한 논리가 지배하는 획일적인 공간이라고 말할 수 없다. 오히려 현 시점에서, 억압과 저항과 생성이라는 다중적인 의미가 형성되는 거대한 문화의 장으로서 보다 거시적인 관점으로 대학 공간을 마주할 필요가 있다. 한 발 더 나아가 대학 공간을 단순히 학문적 생활 공간으로만 보는 것이 아니라 감성적 실천을 확대시켜 나갈 수 있는 놀이 문화의 공간으로도 바라볼 수 있는 새로운 시각이 요구된다. 오히려 그동안 대학 공간을 바라보던 우리의 시각이 편협한 것은 아니었는지를 되돌아보며, 현재의 대학 공간을 위기로만 단정 짓지 말고, 보다 넓은 관점으로 대학 공간을 바라보는 것은 어떨까 한다.

신림 고시촌

신림 고시촌은 서울 관악구 신림9동, 대학동, 서림동 일대를 말한다. 서울대학교 인근에 위치한 이곳에는 주점과 식당들이 모여 있다. 그동안 이곳은 사법시험, 행정고시, 공무원 시험 등과 관계된 학원들과 독서실, 서점들이 밀집되어 고시생들이 장기간 하숙하는 지역으로 유명하였다. 특히 사법고시촌으로서 독특한 문화가 형성된 곳이다. 하지만 2017년 12월 28일자로 사법시험이 폐지되면서 변시촌(변호사 시험을 준비하는 곳)으로 명맥이 이어지고 있고, 여기에 취업 준비생과 그 외 각종 시험을 준비하는 사회 초년생들, 신혼부부들까지 모여들면서 여전히 이곳만의 문화가 남아 있다(그림 2-17).

신림 고시촌의 역사는 1980년대로 거슬러 올라간다. 앞서 언급했지만 1980년대는 대학 공간에 있어 민중 문화의 시대로 대학생들이 캠퍼

그림 2-17. 신림 고시촌의 풍경

스와 거리, 광장을 학생운동으로 일구어 나가던 시기였다. 이 시기에 서울대학교 근처에 형성된 신림 고시촌은 당시 '녹두거리'로 명명되었는데, 여기에는 전봉준의 동학혁명처럼 부패한 세상을 바꾸어 보겠다는 사람들이 모인 공간에서 붙여졌다는 설과 동동주와 녹두전을 팔며 가난한 학생들에게 인기를 끌었던 '녹두집'이라는 가게의 이름에서 비롯되었다는 설이 있다. 그러다 보니 신림 고시촌 혹은 녹두거리의 이미지는 저항 정신과 비판 정신으로 대표되었다. 하지만 시간이 지나면서 저항과 비판의 공간으로서 녹두거리의 이미지는 많이 퇴색되었다. 이후 공동체 문화를 지향했던 80년대 학번들과는 달리 개인적 소비문화를 즐기는 90년대 학번들로 이 공간이 대체되면서 이러한 현상은 더욱 빠르게 진행되었다. 그리고 현재는, 신림 고시촌은 알아도 녹두거리는 처음 듣는다는 사람들이 더 많아졌다. 이곳의 음식점 간판을 통해서만 녹두거리의 존재를 확인할 수 있을 뿐, 사람들은 녹두거리의 이름과 의미를 기억하지 못한다. 이는 권력을 지닌 주체가 부여하는 의미가 다른 약자들이 부여하는 의미를 누르고 통제함으로써 얻은 결과로 보여 씁쓸함을 더한다. (행정적으로 이곳은 신림 고시촌 녹두거리라는 이름 대신 화랑로 등으로 이름을 바꾼 적이 있다.) 그럼에도 불구하고 신림 고시촌 녹두거리는 여전히 학원, 독서실, 서점 등이 밀집한 고시촌, 주점과 식당 등이 밀집한 유흥촌, 그리고 주거촌 등으로 기능상 모자이크화된 상태로 남아 있어, 대학 공간의 외연적 확장에서 비롯된 소비 공간의 면모를 확인할 수 있다(그림 2-18).

녹두거리의 풍경은 다소 피로한 인상을 준다. 편한 트레이닝복이 일상인 고시생들의 뒷모습, 학업과 취업의 스트레스로부터 탈출하려는

그림 2-18. 신림 고시촌 녹두거리의 주점과 음식점

그림 2-19. 신림 고시촌의 애환이 서린 풍경

그들의 욕구가 만들어 낸 대규모 게임방과 사설 도박장, 미래에 대한 불안감이 만들어 낸 사주·관상을 보는 점집, 저렴한 일상용품 가게, 양 많은 뷔페 식당, 그리고 거리에 쌓인 담배꽁초 더미는 그래서 더욱 애석하게 느껴진다(그림 2-19). 신림 고시촌, 그리고 녹두거리가 지켜 내야 할 것은 무엇일지를 생각한다. 단순히 이름으로서가 아니라 그 역사적 맥락에서 이 공간을 이해했다면 어땠을까 하는 아쉬움이 남는다.

신촌과 홍대

대학가 하면 가장 먼저 떠오르는 곳은 아마도 신촌과 홍대일 것이다. 그 이유 중 하나는 아마도 우리에게 '대학가는 곧 유흥가＝신촌과 홍대는 유흥가'라는 공식이 성립되어 있기 때문인지도 모른다. 그만큼 신촌과 홍대는 젊음의 자유로움과 함께 경제적 풍요로움도 공존하는 공간이다.

신촌과 홍대가 소위 말하는 핫 스팟hot spot이 된 것은 대학 공간의 역사와 무관하지 않다. 특히 90년대 학번 이후 신세대 문화가 등장하면서 이들은 상대적으로 정치적 이념에 관심을 두지 않고 삶의 다양한 가치와 높은 질을 추구하게 되었다. 따라서 그들 문화의 주된 동력은 경제력(돈)이 되었다. 물론 돈 말고도 나이, 학력, 외모, 말투, 유머 감각, 패션 감각 등 여러 가지 요소가 기준으로 작용했지만 무엇보다 신세대로 놀기 위해서는 돈이 필요하다는 생각이 상식으로 자리 잡았다. 앞서 잠깐 언급했던 오렌지족(강남 신흥 부자들의 자녀로 소위 유학파 소비층)이나 야타족(고급 승용차를 끌고 거리에서 마음에 드는 여성을 보면 '야, 타!'라고 하던 부유한 젊은층), 그리고 나야족(핸드폰이 귀했던 1990년대에 핸드폰을 들고 '나야!' 하고 큰 소리로 말하던 부유한 젊은층)으로 불렸던 이들은 당시 신세대가 가진 경제력과 그들이 받았던 부러움(한편으로는 비꼬는 시선)을 상징적으로 보여 준다. 신세대라면 적어도 무선호출기(삐삐)를 갖고 있거나 게스Guess나 리복Reebok 같은 브랜드를 입거나 혹은 밀러Miller 맥주를 마셔야 했다. (90년대 학번의 이야기를 다룬 영화 〈건축학개론〉2012에서 주인공 승민이 'GUESS'라고 새긴 정품 티셔츠가 아닌 'GEUSS'라고 새긴 짝퉁 티셔츠를 입고 민망해 하는 장면이 나오는데, 아마도 90년대 학번이라면 쉽게 공감할 수 있었을 것이다.) 이러한 신세대 소비문화가 일상적으로 펼쳐지면서 대학 공간은 스스로를 증거하는 장이 되었다. 대학은 거리의 정체성과 세대의 정체성, 그리고 문화의 정체성이 일상적으로 결합되는 공간으로 변화한 것이다. 이렇게 돈을 기준으로 본다면, 신촌과 홍대는 상대적으로 부와 가난의 중간쯤 되는 위치에 있었다. 대학생이라는 신분에서 당시 압구정이 자가용을 보유하고 있는 부유한 젊은층으로 상징되었다면 이에 비해 신촌과 홍대는 전철(2호선)이 있어 자가용이 없어도 되는 곳이었기 때문이다. 물론 이 지역에 대학들이 많이 입지한다는 점도 주요 변수가 되었다.

신촌은 여러 가지가 병존하고 혼재된 곳이다. 음식의 종류도 분식부터 한식, 양식 등에 이르기까지 식성과 나이, 그리고 주머니 사정에 따라 얼마든지 골라먹을 수 있는 다양한 점포들이 밀집해 있다. 그만큼 이용층도 다양하다. 학생들뿐만 아니라 밤에는 직장인에 이르기까지, 거기에 유명한 냉면집이나 고깃집에는 60대 이상의 어르신들도 자주 목격된다. 커피숍의 종류만도 여러 가지다. 유럽을 따라한 아늑하고 고급스러운 커피숍도 있지만, 시끄러운 음악과 영상이 함께하는 록카페도 있고, 맥주와 함께 커피를 파는 호프집도 있다. 게다가 1980년대식 디스코텍과 학사주점, DJ가 있는 음악카페, 1990년대에 유행했던 소주방, 클럽 등에 이르기까지 한마디로 규정할 수 없는 음식점, 커피숍, 술집들이 있다.

이렇게 신촌이 혼재된 성격을 지니는 이유는 무엇일까? 신촌은 경제적으로 중간적 위치를 가지기도 하지만 특히 대학 공간의 역사와 맥락을 같이 한다. 신촌은 1970년대에서 1980년대, 대학 공간이 생성되면서부터 20대들의 미팅장소였다. 당시의 복지다방, 독수리다방, 바로크카페, 밀라노카페 등은 유명한 미팅 장소였다. 현재에도 독수리다방은

그림 2-20. 신촌에 위치한 독수리다방

명목이 유지되어 (그 일대가 재개발 지구로 지정되면서 2005년에 잠깐 문을 닫았었지만 2012년에 다시 부활하였다.) 연세대학교 앞 철길을 지나면 거대한 빌딩 속에 있는 작은 독수리다방을 만날 수 있다(그림 2-20). 신촌은 1980년대로 오면서 학생운동의 메카가 되었고, 1990년대 이후부터는 연세대학교로 연수 온 재미 교포 학생들이 반바지 차림으로 일반 생맥주집에서 음악에 맞추어 춤을 추기 시작하고 또 피처 pitcher라고 불리는 커다란 유리잔에 생맥주를 담아 판매하기 시작한 이래, 10대 후반에서 20대의 신세대들의 메카가 되었다. 그리고 신세대들만이 배타적으로 입장할 수 있었던 록카페가 새롭게 등장하고, 노래방이 결합되면서, 술·노래·춤이 결합된 젊은이들이 놀이 문화가 형성되었고, 그렇게 오늘날의 신촌이 완성되었다.

홍대 역시 신촌과 마찬가지로 혼재된 성격을 지닌다. 저렴한 분식점 위주의 먹자골목과 시장골목을 비롯하여 상대적으로 비싼 고급 음식점과 술집에 이르기까지 다양하게 나타난다. 1980년대만 하더라도 홍대는 소수의 다방과 고급스러운 분위기의 카페, 레스토랑이 주를 이루었다. 그러다가 1990년대 중반, 압구정동의 카페들을 카피한 가게들이

들어섰고, 여기에 홍대 미대생들을 주축으로 한 '피카소 거리'가 입소문을 타면서 혼재된 성격이 나타나기 시작하였다(그림 2-21).

그림 2-21. 홍대 피카소 거리의 벽화

신촌과 홍대에서 나타난 이러한 문화적 혼재성과 상업적 경관은 그동안 많은 비판을 받아 왔다. 특히 신촌과 홍대는 신세대와 관련된 현상과 담론을 통해 문화 상품의 소비 시장을 필요 이상으로 창출하려는 자본의 논리와 요구를 반영하고 있다는 지적을 받았다. 다시 말해, 신세대 문화 자체가 하나의 상품이라는 것이다. 신세대, 젊음, 청춘을 주입시킴으로써 다른 세대와 다른 차별적 문화 계층화를 조장하여 소비를 증폭시키고 있다는 것이다. 따라서 신촌과 홍대의 문화적 소비는 문화적 외피를 쓴 것에 불과하다며 신랄하게 비판받았고 지금도 이러한 비판에서 완전히 자유롭지는 않다.

하지만 이러한 주장에 대해 반론을 제기하는 학자들이 늘고 있다. 그들은 소비 그 자체가 나쁜 것은 아니며, 신세대와 젊음이라는 문화가 오렌지족이나 야타족들과 같은 일부 계층의 문화와 동일시될 수 없다고 말한다. 즉, 젊은이들의 문화를 단순한 과소비와 향락으로만 규정할 수는 없다고 반론한다. 오히려 젊은이들의 신세대 문화는 소비 그 자체로 정체성과 즐거움을 기반으로 하는 의미 작용의 질적 강화가 될 수 있다고 주장한다.

그런 의미에서 신촌과 홍대에서 볼 수 있는 젊은이들의 문화적 소비

그림 2-22. 홍대 클럽

는 적극적인 수용을 대변한다 (그림 2-22). 기성세대와 비교하면, 신세대 대중문화는 도덕적 기만의 폭이 덜하거나 거의 없다는 특징이 있다. 즉, 기성세대에서 잘 나타나는 (외적인) 도덕적 엄숙성과 (내적인) 향락과 타락 사이의 괴리감을 오히려 젊은이들에게서는 잘 찾아볼 수 없다는 것이다. 쉽게 말해, 젊은이들은 기성세대보다 더 솔직하다는 의미이다. 따라서 신세대들은 문화 실천에 있어서도 보다 당당하다. 모두가 그러한 것은 아니지만, 많은 신세대들은 '일하지 않는 자는 먹지도 말라'는 자본주의 논리에서 한 발 더 나아가 '놀지도 않는 자는 먹지도 말라'는 논리로 확장·적용하고 있다. 홍대에서 마주친 학생에게서 들은, "단 하루를 살아도 인간답게 놀고 싶다."라는 말은 그래서인지 조금 더 친밀하게 들려왔다. 그런 의미에서 아비투스habitus라는 말을 떠올려 본다. 아비투스는 '실천감각'이라는 말로 번역되는데, 일정 방식의 행동과 인지, 감지와 판단의 성향 체계를 일컫는다. 이해하기 쉽도록 신촌과 홍대라는 공간에 아비투스를 접목시켜 이야기해 보자. 신촌과 홍대의 록카페나 인디밴드 클럽에서 쉽게 볼 수 있는 헤드뱅잉headbanging 동작은 일반적으로 지배적 공식 문화에 대한 문화적 욕구가 표출된 것으로, 공식적 문화 자본이 지배하는 기존의 가치관과 억압적 도덕 규범에 대한 상징적 저항의 표현이다. 강력한 음악에 맞춘 헤드뱅잉의 기계적 움직임은 음악적 감정이 행동(실천)으로 표현된 것이라고 볼 수 있는데, 여기에서 아비투스는 이러한 음악적 감정과 헤드뱅잉이라는 실천 사이의 매개체를 의미하는 것으로 설명할 수 있다.

그런 의미에서 신촌과 홍대는 스스로 노는 아비투스가 실현되는 공간으로 볼 수 있다. 나아가 이 공간에서 일상을 즐겁게, 그리고 기꺼이 소비하는 신세대들은 대중문화를 개성 있게 소비할 수 있는 세대로서, 이미 이를 지나온 사람들에게는 부러움과 설렘을 가지게 한다.

Chapter 3

정치적 상징의 공간

1. 정치적 이념과 힘의 상징 공간

권력은 사회적 관계성의 한 가지 표현이다. 개인이 집단화되고 사회적 관계가 조성되면, 권력을 가진 자와 가지지 못한 자의 불평등 관계가 성립되고 이는 힘의 경관으로 표현된다. 사회학자 홀리Hawley는 "모든 사회적 활동은 권력의 실천이며, 모든 사회적 관계는 권력의 등식이며, 그리고 모든 사회적 집단이나 체계는 권력의 구조"라고 말한 바있다.

사회적 요구를 반영하는 건축은 이러한 불균형의 관계 혹은 권력의 구조를 수용한다. 다시 말해, 건축은 다양한 방식으로 권력 구조를 재현하고 생산하는 것이다. 건축의 규모나 외관을 통해 권력이 가시적인 상징성을 드러내기도 하는 것처럼 말이다.

일반적으로 권위를 과시하기 위한 건물은 일반 건물보다 크고 웅장한 규모를 갖는다. 정치적 건물들에서 흔히 볼 수 있는 엄격함이나 경직성은 이러한 권력을 반영하고 있다. 그뿐만 아니라 오늘날의 고층 건물들은 자본주의 사회의 경제적 권력까지 포함하고 있다. 이러한 예는 경복궁 근정전의 웅장한 규모와 좌우 대칭의 건축의 형태로 드러나고, 마찬가지로 도시에 높이 솟아오른 고층 건물은 자본주의 사회와 경제적 권력을 상징하고 있다(그림 3-1). 어디 그뿐인가? 사회계층의 구분을 확실히 하기 위해 건축은 외관과 재료의 대비를 통해 권력을 구분하기도 한다. 예로, 양반과 평민의 집을 기와집과 초가집으로 만드는 것처럼 말이다. 이처럼 건축은 공간에 대한 권력의 운용을 실현하는 도구로써 작용한다.

그림 3-1. 경복궁 근정전과 지위를 나타내는 품계석(좌)과 현대의 고층 빌딩 경관(우)

종로와 청와대, 광화문광장

우리나라의 정치와 행정의 중심지는 '종로–경복궁–청와대'에 이르는 공간일 것이다. 청와대는 현재의 대통령의 집무 및 거주 공간, 경복궁은 과거 왕의 집무 및 거주 공간, 그리고 종로는 과거 왕과 귀족의 행차 공간이었으며 현재는 우리나라의 대표적인 대로로서 경제적 상징의 공간이기도 하다. 한편 이들 공간과 근거리에 입지한 종묘는 역대왕과 왕비의 신위를 모시고 제사를 드린 신성한 공간이다. 따라서 종로를 중심으로 형성된 경복궁과 종묘, 그리고 청와대에 이르는 공간은 우리나라의 정치적 중심지로 보기에 손색이 없다(그림 3-2).

광화문은 국왕이 드나드는 경복궁의 정문이었기 때문에 다른 궁궐의 정문에 비해 그 규모와 격식면에서 매우 웅장하고 화려하였다. 그러나 임진왜란과 6·25전쟁 때 소실되어 2번이나 중건되었고, 아쉽게도 이 과정에서 나무가 아닌 콘크리트를 사용해 처마의 선이 자연스러운 곡선을 이루지 못하고 직선에 가까운 모습이 되어 원래의 아름다움을 잃었다.

그림 3-2. 청와대 전경(좌)과 종묘의 정전(우)

　종로에 속한 세종로는 과거에는 차량 중심의 대로였으나 2009년 광화문광장이 조성되면서 인간 중심의 공간으로 바꾸겠다는 정부의 입장이 반영되었다. 하지만 광화문광장 주변에는 정부중앙청사, 서울지방경찰청, 주한 미국대사관, 종로구청, 세종문화회관, 조계사, 주요 언론사 등 정치적·행정적 권력이 내재된 웅장한 건물들이 많다(그림 3-3). 여기에 조성된 광화문광장과의 심리적 친밀감은 아직 일상적이고 인간 중심적이라기보다는 정치적 상징성에 더 가깝다. 실제로 이곳은 세련됨과 우아함으로 고급 문화 공간을 보여 준다. 하지만 그로 인한 낯섦과 거리감이 존재하는 것도 사실이다. 무언가 가깝고도 먼 공간이다.

　이러한 묵직한 경관 속에서도 우리가 이 공간을 그나마 친근하게 바라볼 수 있는 것은 광화문광장에 자리한 두 개의 동상 때문일 것이다. 다들 알다시피 광화문광장에는 우리 역사를 대표하는 두 인물이 놓여 있다. 대한민국 국민이라면 그 누구도 존경하지 않을 수 없는 이순신 장군과 세종대왕의 동상이 바로 그것이다(그림 3-4). 그렇다면 왜 이

그림 3-3. 고급 문화 공간으로서의 세종문화회관(좌)과 광화문광장에서 보이는 주요 언론사(우)

그림 3-4. 광화문광장의 이순신 장군 동상(좌)과 세종대왕 동상(우)

곳에 이순신 장군과 세종대왕 동상이 세워진 것일까?

이순신 장군의 동상은 1968년 4월 27일 건립되었다. 당시 이순신 장군을 가장 존경한다던 박정희 전 대통령의 뜻과 명량해전을 통해 일본을 무찌른 이순신 장군의 전적이 이 공간에 큰 상징성을 부여해 줄 수 있다고 하여 광화문 세종로에 세운 것이다. 역사적으로 조금 더 깊이 들어가 보자. 세종로는 조선 시대에는 종로와 경복궁을 이어 주던 왕권 상징의 길이었다. 그러다가 일제강점기에 들어서면서 일제가 경복궁 근정전을 가로막고 그 앞에 약 9천여 개의 말뚝을 박은 조선총독부를 세우면서 한때 이 공간은 일제 치하를 상징하는 길로 변화하였다. 광화문을 통해 확 트인 궁궐을 보여 주었던 과거의 모습은 사라지고, 대신 거대한 규모의 조선총독부가 자리를 잡은 것이다. 이후 해방되면서 조선총독부 건물은 한때 중앙청으로, 그리고 국립중앙박물관으로도 사용되었다. 그 사이 우리 역사의 아픔으로 상징되던 조선총독부의 억압적 경관을 이순신 장군의 힘으로 극복하자는 국민들의 바람과 대통령의 뜻이 합해져 동상을 세우게 된 것이다. 따라서 이 공간의 힘의 원리를 공식화하면, '경복궁⊂옛 조선총독부 건물⊂이순신 장군 동상'으로 이어졌다고 볼 수 있다. 그리고 다시 시간이 흘러 옛 조선총독부 건물은 1995년에 철거 작업이 진행되어 1996년에 우리의 눈에서 완전히 사라지게 되었다.

그런데 많은 이들이 또 다른 의문을 제기하기 시작하였다. '왜 세종로라고 명명된 이곳에 이순신 장군만 있고 세종대왕은 없는가?'하는 것이었다. 이러한 의견을 받아들여 2009년 광화문광장이 조성됨과 동시에 세종대왕 동상도 함께 세워졌다. 당연한 이야기겠지만 세종로에 경

그림 3-5. 세종대왕께서 나신 곳

복궁이 있으니, 실제로 이곳이 세종대왕이 탄생한 곳이라는 것은 다들 짐작할 수 있을 것이다. 참고로 세종대왕이 탄생한 바로 그 지점에는 현재 통인동의 한 작은 안경가게가 자리 잡고 있다(그림 3-5).

서울시청광장

스펙터클spectacle이라는 말이 있다. 이 단어는 '구경거리', '호화로운 쇼'라는 뜻인데, 현대에 와서 그 의미가 확대되고 있다. 즉, 스펙터클은 단순히 겉으로 드러나는 광경이나 볼거리만을 의미하는 것이 아니라, 경제적·정치적 공간이라는 의미로도 자주 사용되는데, 특정한 자본주의적 소비, 정치적 강화 등의 목적을 위해 도시 공간을 의도적으로 창출해 놓은 곳을 의미하기도 한다. 우리나라에서 이러한 예는 서울시청 앞 잔디광장이나 청계천광장 등에서 찾아볼 수 있다.

서울시청 앞 잔디광장은 2004년에 조성되었다. 이와 비슷한 시기인 2005년에는 약 35만 평의 뚝섬 서울숲이 조성되었고, 같은 해 남대문광장이 조성되었을 뿐만 아니라 청계천 복원 사업도 이루어졌다. 녹색과 문화를 강조하며 서울시는 그 이전에도 여의도공원, 난지생태공원, 상암월드컵공원, 한강 선유도공원 등을 조성하였는데, 서울뿐만 아니라 많은 지자체들이 녹색과 문화를 기치로 하여 공원 조성 사업, 문화재 복원 사업, 관광 사업 등을 추진하고 있다. 그러나 녹색과 문화가 꼭 공공성을 담보하는 것은 아니다.

물론 시청 앞 광장은 굳이 녹색과 문화라는 명목이 아니더라도 이를 조성하는 데 힘을 실어 주는 근거들이 많았다. 예로부터 독립과 광복, 그리고 민주화운동의 상징적 공간이었던 시청 앞은 충분히 광장화가 이루어져야 한다는 주장이 있었기 때문이다. 그러던 2002년 6월, 한일 월드컵 축제 열풍이 촉매제 역할을 하였다. 많은 사람들이 응원을 위해 서울시청 앞으로 모이면서 이곳의 광장화 실현이 탄력을 받게 되었다. 마침내 2004년 잔디광장이 전격적으로 조성되었으며, 그 해 5월, '하이 서울 축제'에 맞춰 서울시청광장이 개장되었다.

약 4천여 평의 타원형으로 이루어진 서울시청 앞 푸른 잔디는 쾌적 해 보인다. 한여름에는 분수가 솟아올라 어린이들의 놀이 공간이 되기 도 하고, 한겨울에는 스케이트장이 설치되어 많은 이들의 여가와 놀이 공간이 되기도 한다. 도심 한복판에서 분수를 즐기고 스케이트를 타는 모습은 다른 여러 국가 사람들에게 주목을 받으면서 세계의 다양한 언 론을 통해 소개되기도 하였다(그림 3-6).

하지만 개장 당시와는 달리 서울시청광장은 점차 공공 공간의 사유 화 현상이라는 문제가 제기되고 있다. 개장 당시만 해도 서울시청광장 은 시청 앞 푸른 잔디밭에 앉아 가족 또는 친구들과 오순도순 모여 도 시락을 먹고 이야기를 나누며 기념사진도 찍는 시민들의 일상적 공간 이었다. 그러나 서울시청광장의 이러한 열린 공간으로서의 의미는 점

그림 3-6. 서울시청광장의 분수대(좌)와 스케이트장(우)

그림 3-7. 서울시청광장 개장 초기(좌)와 현재 모습(우)

차 퇴색되었다. 오히려 녹색 문화를 상징하던 잔디광장에 잔디 보호라
는 명목으로 광장 주변에 줄을 그으면서 이용에 제한을 두었다(그림
3-7). 서울시청광장을 사용하려면 허가를 받아야 하는데, 이러한 사용
허가에는 편의주의적 잣대가 작용한다는 문제점도 지적된다. 즉, 분수
와 스케이트장이 설치되는 기간이나 지역 홍보 장터가 열리는 동안을
포함하여 서울시가 허락한 기간 외에 잔디 사용은 사실상 어렵다. 월드

그림 3-8. 서울시청 내부의 녹색 식물 장식

컵공원과 비교하여 잔디 유지 관리 비용이
15배 이상 든다고 하니 한편으로는 잔디에
놓인 줄이 이해가 되면서도 또 한편으로는
광장의 의미가 사라지는 것 같아 안타깝기도
하다.

　서울시청광장의 잔디 문제와는 별개로 여
겨질 수도 있지만, 서울시청 내부에서 볼 수
있는 녹색 식물 장식은 잔디를 이용할 수 없
는 시민들에게 제공하는 또 다른 녹색 경관

이라고 할 수 있을까?(그림 3-8) 줄이 그어진 광장의 잔디와 시청 내부의 녹색 식물 장식은 분명 눈을 푸르게 하지만, 시민들은 그 녹색의 진정한 의미를 공유하지 못했다는 측면에서 광장과 공공 공간이 주는 의미가 정치적 스펙터클로 퇴색된 것은 아닌지 생각해 본다.

청계천

조선 시대의 청계천은 서민들이 왕의 행차를 구경할 수 있는 공간이면서 동시에 서민들의 일상생활 공간이기도 하였다(그림 3-9). 당시 '한양에는 청계천, 개성에는 개천이 있다'는 말이 있었다. 이는 우리나라의 하천의 대부분이 서쪽으로 흘러 황해로 들어가는데, 청계천과 개천만 동쪽으로 흘러 들어간다는 뜻이다. 이는 한강과 청계천의 물의 흐름이 다르다는 것을 의미하는데, 이렇게 물의 방향이 다른 것은 풍수지리적으로 명당수에 해당하며, 청계천이 홍수의 범람을 완충하는 역할을 한다고 볼 수 있다. 이러한 청계천은 한양의 인구가 증가하면서 더욱 중요한 서민들의 삶터가 되었다. 그러던 세종26년1444에 청계천에 대한 논쟁이 펼쳐진다. 당시 이선로와 어효첨, 두 사람의 이념 대립이 격화되었는데, 그 내용을 살펴보면 이렇다. 이선로는 '개천에 분뇨와 같은 오물을 버리는 것을 금하게 함으로써 명당수를 맑게 하지 않으면 안 된다. 풍수설에 따르면 명당수가 오염되는 것은 모반謀反이 일어나고 흉측한 일이 생기는 징조인 것이니 오물을 버리지 못하도록 금해야 한다'고 주장하였다. 반면 어효첨은 '도읍하는 곳은 인가가 번성한즉, 자연히 냄새가 나고 더러워지는 것이며, 여기에는 반드시 소통하는 개천과 넓은 내가 있어서 거리를 종횡으로 흘러 그 오물을 떠내려 보낸

그림 3-9. 왕의 행차 공간이자 서민의 일상적 공간이던 청계천. 조선시대(좌)와 1900년대(우)

후에라야 맑게 할 수 있으니, 도성 내의 물은 그 성질상 맑게 할 수 없다'고 반론하였다. 결국 세종이 어효첨의 의견에 찬동함으로써 논쟁을 정리하였다. 따라서 조선 후기에 들어와서는 청계천이 더욱 복잡해졌고, 이는 이곳에 시가지가 형성되는 계기가 되었다.

일제강점기 청계천으로 몰락한 양반들이 몰려들기 시작하면서 가뜩이나 인구로 북적대던 청계천은 더욱 혼잡해졌다. 여기에 남하한 6·25 피난민들까지 가세하면서 청계천 주변의 인구는 더욱 급증하였고, 청계천의 환경은 급속히 악화되었다. 과거 맑은 개천, 아름다운 수표교(왕의 행차 중 이곳에서 숙종과 장희빈의 눈이 맞았다고 하여 유명한 다리)로 유명했던 청계천의 이미지는 점차 사라져 갔다. 청계천에는 악취가 풍기기 시작했고, 가난한 삶터로서의 이미지로 전락하였다.

도심 중심에 있는 청계천이 이렇게 악화일로를 걷게 되자 더럽고 복잡한 환경으로 대변되는 청계천의 이미지를 없애기 위해 1960년대부터 본격적인 복개가 이루어졌다. 사실 일제강점기부터 복개가 진행되었지만 본격적인 복개는 1960년대 박정희 전 대통령에 의해 이루어졌고, 이는 1970년대까지 지속되었다. 여기에는 근대적 사고가 반영되었다. 특히 경제적 논리에 크게 좌우되어 근대화의 징표로서 청계천 주변에는 삼일(31)빌딩과 삼일(31)고가도로, 즉 청계고가도로 등이 건설되었다(그림 3-10). 이들이 만들어지면서 청계천 일대의 경관은 근대화의 상징으로 자리 잡았고, 이는 애국가의 단골 배경 화면으로 등장하였다. 청계고가도로 주변에는 지하도도 함께 구축하였는데, 이는 미싱, 오토바이, 자동차 등과 같은 기계의 이미지를 강화시키는 경관이었고, 동시에 효과적인 통행을 위한 새로운 건조물이기도 하였다.

이러한 역사적 변천 과정을 거친 청계천은 현대로 들어와 우리나라의 가치가 빠른 경제성장에서 깨끗한 환경으로 변화하면서, 2005년에 복원되었다. '물과 함께 생태를 복원한다, 광통교와 함께 역사를 복원한다, 그리고 삶터로서 천변의 민속놀이와 함께 문화를 복원한다'는 세 가지 목표하에 새롭게 조성된 것이다(그림 3-11). 청계천의 높은 유지관리비, 시멘트 바닥의 이끼 현상, 강우 시 하수 유입으로 인한 수질 오염 논란, 그리고 반쪽짜리 복원이라는 지적 등은 여전히 문제로 남아 있다. 그러나 현재 청계천은 많은 도시민들에게 휴식처와 쉼터를 제공하며, 그만큼 시민들이 이 공간을 애용하고 있다는 점에서 환경적 복원

그림 3-10. 슬럼화된 청계천의 복개 공사(좌)와 청계고가도로의 등장(우)

그림 3-11. 복원된 청계천광장(좌)과 청계천 빛 축제(우)

의 의미는 작지만은 않아 보인다.

한편 청계천 주변의 사창가였던 곳에는 세운상가가 건축되었다. 여기서 세운世運은 '세계의 기운이 이곳으로 모인다!'라는 의미를 담고 있어 공간의 쇄신을 기원하는 이름이다. 세운상가는 르코르뷔지에Le Corbusier의 저서 『빛나는 도시La Ville radieuse』1935의 이념을 실현한 건물로, 아래층에서는 상업 활동이 이루어지고, 위층에서는 거주를 하는 '직주근접'의 원리를 적용한 것이다. 기둥을 이용해 집을 한 단계 높은 곳에 위치시키는 H자 모양의 필로티pilotis 방식을 적용한 세운상가는 이동과 통행에 편리하도록 실용성을 추구하였다. 즉, 필로티로 건물을 들어 올려 지상층을 개방함으로써 아래에는 차나 사람의 통행이 이루어지도록 설계한 것이다(그림 3-12). 내부의 가능성과 모순성이 혼재한다는 평을 듣기도 하지만 당시로서는 상당히 파격적이고 실험적인 건축물이었음을 부인할 수 없다. 또한 세운상가 내부에는 로톤다rotonda의 변형 양식이 보인다. 서양 건축의 성당이나 신전에서 흔히 볼 수 있는 로톤다는 일반적으로 원형이나 타원형의 평면 구조를 가진, 주로 윗부분이 돔으로 되어 있는 독립적 건축물이나 큰 건축물의 일부를 이루는 방을 일컫는데, 대개 빛이 투과하는 방식을 사용하여 성스러운 분위기를 연출한다. 세운상가 내부의 중앙 천장은 일반 건물과 같이 막혀 있는 형태가 아니라, 마치 로톤다 양식처럼 건물 천장을 통해 빛이 투과되는 방식으로 만들어져 있다(그림 3-13). 이렇게 1960년대의 세운상가는 공간이 가지고 있던 과거의 부정적 이미지를, 의미 있는 이름과 함께

그림 3-12. 필로티 구조의 세운상가 외부

그림 3-13. 로톤다를 연상시키는 세운상가 내부

르코르뷔지에의 새로운 이념을 필로티 구조와 로톤다 방식으로 건축에 구현하고자 했던 것이다. 그래서일까? 낡은 세운상가를 철거하자는 요구도 많았지만, 도시 재생을 거쳐 새롭게 단장되어 멋진 위용을 자랑하는 세운상가는 쉽게 비평이나 하며 넘길 수 있는 공간이 아니라고 생각한다. 오히려 그 반대로 한국의 발달사와 함께 그 역사적 맥락을 되새겨 볼만한 의미 있는 건축 공간인 것이다.

2. 약탈과 전시의 건축 공간, 뮤지엄

뮤지엄museum은 일반적으로 박물관博物館을 가리킨다. 즉, 세상의 온갖 만물을 소장한 장소를 의미하지만, 조금 더 포괄적으로 정의한다면 인간 세상의 여러 사물인 박물을 연구하는 박물관과 미술을 연구하는 미술관까지도 포함한다. 그렇다면 뮤지엄은 언제, 어디에서 만들어진 것일까? 그리고 뮤지엄은 어떠한 발전을 거듭하여 현재의 공간이 되었을까?

뮤지엄의 생성과 발달

뮤지엄은 그리스 신화에서 예술과 학문을 상징하는 여신인 뮤즈Muses, Musai에게 봉헌된 사원 무세이온mouseion에서 비롯된 것으로, 고대 이집트의 알렉산드리아에는 여기에서 따온 무세이온이라는 학술원이 있었다. 알렉산드리아의 무세이온은 선진 학문과 문예를 연구하던 왕립 학술원으로 그 안에는 부속 도서관이 있었다. 이를 건립한 이는 마케도니아의 알렉산드로스Alexandros 대왕하에서 활동한 프톨레마이오스 1세

소테르Ptolemaeus I, Soter였다. 프톨레마이오스 1세는 알렉산드로스 대왕의 절친한 친구이자 충성스러운 부하로서 그와 함께 철학자 아리스토텔레스Aristoteles에게서 학문을 배웠다. 알렉산드로스 대왕이 죽자 그의 시신을 알렉산드리아에 안장한 프톨레마이오스는 자신의 문화적 호기심과 제국의 권위를 세우기 위해 세계 최고 수준의 학술원 건립을 결심했는데, 이것이 바로 무세이온이었다(그림 3-14).

무세이온에는 강당, 연구동, 천문 관측대뿐만 아니라 동물원과 식물원, 분수대, 대형 식당 등 호화로운 건물과 약 50여 만 권의 장서와 미술품이 보관된 도서관이 포함되어 있었다. 이렇듯 무세이온은 학문적인 측면의 가치도 뛰어나지만, 한편으로는 알렉산드로스 대왕 시절의 거대한 영토 확장과 정치적 약탈과도 무관하지 않다. 왜냐하면 당시 무세이온의 다양한 수집품들은 학술적인 영향력과 더불어 영토 확장의 결과물이라는 정치적 영향, 그리고 그 힘의 과시라는 목적도 주어졌기

그림 3-14. 프톨레마이오스 I세 초상 조각
(좌)과 알렉산드리아의 무세이온(우)

때문이다.

실제로 우리도 여행을 가게 되면 여행지에서 기념품을 사게 되고, 이를 통해 여행 후에도 여행지에 대한 기억과 추억을 끄집어 내 기쁨과 행복을 누리는 경우가 많다. 이처럼 여행지에서 가져온 물건은 단순한 물건이 아니라 자신이 그곳을 다녀왔다는 사실을 상기시켜 주고 나아가 주변 사람들에게 약간의 과시와 자랑도 하게 해 주는 매개체인 것이다. 이렇게 물건을 수집하는 욕망이 개인의 수준을 넘어 한 국가의 지배자 또는 정복자로 확대되면, 그것은 구매가 아닌 약탈과 노획이라는 형태를 띠게 된다(그림 3-15). 이러한 형태는 식민지 개척 이후에는 식민지의 보물과 토산품을 약탈해 전시해 놓은 거대한 뮤지엄으로 이어진다.

전쟁의 목적은 토지와 사람, 그리고 특정 자원을 획득하는 것이다. 부수적으로는 식민지의 상류층이 소유했던 보물을 빼앗는 것도 포함되는데, 이 당시의 무세이온은 결국 이러한 목적을 이룩한 결과물들의 감상실이었던 것이다. 그리고 귀족과 주변 국가 왕들을 초대해 자랑하

그림 3-15. 알렉산드로스 대왕의 영토 확장
출처: 영화 〈알렉산더〉(2004)

기 위해 필요한 과시의 공간이기도 했다. 그런 의미에서 본다면, 무세이온의 도서관은 정보와 지식을 기록한 도서와 문서 자료를 보관하기 위한 공간이자, 동물원과 식물원은 식민지로부터 가져온 기이한 동식물들의 수집과 전시 공간이었던 셈이다. 실제로 왕은 감사의 표시로 측근들에게 동물을 선사하기도 했는데, 당시 알렉산드로스 대왕은 스승인 아리스토텔레스에게 코끼리를 선물했다고 전해진다.

이렇게 수집과 과시라는 목적으로 세워진 무세이온은 역사상 최초의 박물관이었고, 이곳에 부속된 알렉산드리아 도서관 역시 최초의 도서관이자 규모나 학문적 측면에서 최고의 도서관으로 꼽혔다. 이후 무세이온은 로마제국의 멸망과 함께 쇠퇴하였고, 도서관의 수많은 장서 역시 불타 없어졌다. 하지만 다행히 이 공간을 기리기 위해, 2002년에 이집트의 알렉산드리아 동쪽 해안의 샤트비 거리에 알렉산드리아 도서관이 재건되어 현재에 이르고 있다(그림 3-16).

14세기 이후, 항해술의 발달과 함께 식민지가 개척되고 많은 무역항이 건설되었다. 특히 베네치아, 피렌체 등은 북부 이탈리아의 항구도시로 무역과 금융업을 바탕으로 급성장한 곳이다. 그에 따라 부를 축적

그림 3-16. 알렉산드리아 도서관

한 신흥 상공 계층들의 대저택인 팔라초palazzo의 건축이 유행하였는데, 그 내부에는 스투디올로studiolo라고 불리는 일종의 서재가 있었다(그림 3-17). 스투디올로는 해외에서 구입하거나 약탈한 진귀한 물건들을 보관해 놓은 공간으로 비잔틴이나 아랍, 중국, 인도 등지에서 수집한 물건들로 채워졌다. 알렉산드리아의 무세이온이 국가적 차원에서 약탈한 물건을 전시·보관하는 장소였다면, 스투디올로는 개인적인 호기심을 충족시키고, 친지와 친구들에게 이야깃거리를 제공하고 우월감을 과시하는 공간이었다. 이런 이유에서 팔라초의 스투디올로는 호기심의 방salon de curiosite이라는 별칭이 붙기도 하였다.

팔라초와 스투디올로의 건축은 신흥 상공 계층에게는 일종의 미적 취향으로 간주되었고, 그런 의미에서 당시 그들에게 수집은 중요한 덕목이 되었다. 초기의 스투디올로는 특별한 순서의 구분 없이 그저 많은 물건들을 채우는 공간이었으나 시간이 흐르면서 일정한 질서에 따라 항목별로 재배치되기 시작하였다. 즉, 도자기는 도자기대로, 미술품은

그림 3-17. 팔라초와 팔라초 내부의 스투디올로

미술품대로, 보석은 보석대로 물건의 배치에 있어 세분화와 전문화가 이루어졌다.

십자군 전쟁1096~1272 이후 르네상스 시대로 오면서, 사람들은 종교적 신비감 대신 신을 대신할 만한 새로운 아름다움을 추구하게 되었는데, 상공 계층의 팔라초는 예술 작품의 수집과 후원을 통한 경제적·문화적 권력의 공간으로 승화되었다. 예로, 이탈리아어로 집무실office을 뜻하는 우피치Uffizi 미술관은 현재 피렌체에서 가장 유명한 미술관 중 하나이지만, 본래 피렌체 공화국의 행정국이었다. 1560년경 메디치 가문의 코시모 1세Cosimo I de' Medici가 피렌체의 행정·사법 기관을 한곳에 모으기 위한 건물의 건축을 조르조 바사리Giorgio Vasari에게 명령하면서 착공되었다. 우피치 미술관의 역사는 바사리가 이 건물을 완성한 16세기에 시작되지만, 미술품이 수집된 것은 이보다 이른 시기인 15세기 초로 피렌체를 다스린 코시모 일 베키오Cosimo il Vecchio 시대까지 거슬러 올라간다. 메디치가는 이곳을 통치하던 200년 동안 예술가들에게 미술품 제작을 의뢰하고 작품을 수집하였다. 따라서 이곳은 메디치 가문의 회랑corridor으로서 당대 최고의 컬렉션을 가지고 있던 팔라초 중 하나였다.

이렇듯 이탈리아 상공 계층의 주택이었던 팔라초는 이후 영국의 팰리스palace, 프랑스의 팔레palais와 같은 전제군주의 궁전이 되었다. 팰리스와 팔레에도 여전히 호기심의 방은 그대로 이어진다.

17세기, 유럽 식민지 개척이 전성기를 이루었을쯤, 프랑스에는 발루아 왕조와 부르봉 왕조, 오스트리아에는 합스부르크 왕조, 영국에는 튜더 왕조와 스튜어트 왕조 등과 같은 전제군주가 출현하였다. 그러면서 기존의 캐슬castle은 팰리스palace로 발전하였다.

　캐슬은 중세 봉건 영주가 살던 성으로, 주로 산속이나 강과 호수 등을 낀 천혜의 요새에 건축되었다. 캐슬은 적은 수의 병사로 보호해야 했기 때문에 내부는 적들의 공격에 효율적으로 대응할 수 있도록 건설되었다. 때문에 이곳은 상대적으로 미약한 왕권이 반영된 공간으로 볼 수 있다. 반면 팰리스는 강력한 왕권이 반영된 곳으로, 대개는 수도 한가운데의 넓고 평탄한 지역에 건축된다(그림 3-18). 팰리스는 이미 상당한 군사력을 확보하고 있었기 때문에 굳이 깊은 산속이나 강을 끼고 지을 필요가 없는 공간이었던 것이다. 따라서 팰리스에는 방어적 공간보다 과시적 공간이 더 많이 나타난다. 지금도 베르사유 궁전에 가면 볼 수 있는 화려하고 웅장한 규모의 정원, 대분수, 홀, 대식당 등에서 이를 확인할 수 있다(그림 3-19).

　한편 호기심의 방이었던 작은 서재는 보다 큰 규모로 확대되었다. 호기심의 방은 책과 문헌을 보관하는 도서관과 미술품을 보관하는 갤러리로 분리되었고, 공간의 규모도 확대되어 물건들은 항목별로 재배치

그림 3-18. 캐슬과 팰리스의 차이. 독일 라인슈타인 캐슬(좌)과 프랑스 베르사유 궁전(우)

그림 3-19. 베르사유 궁전

되었다. 이렇듯 궁전이 된 팔라초, 즉 팰리스는 제국의 힘과 그들이 개척한 식민지의 광대함을 증명해 주었다.

프랑스 혁명 이후인 18~19세기에는 박물관들이 잇따라 개관하였다. 수집과 과시를 중심으로 한 소수 특권층의 폐쇄된 공간이었던 박물관은 이때부터 국민 전체의 소유로 바뀌게 된다. 박물관은 국민에 의한, 그리고 국민을 위한 기관으로 변모했고, 새로운 공공 영역으로서 근대적인 공간이 되었다. 그리고 이 시기를 전후로 하여, 예술품뿐만 아니라 상류층 문화를 민중들이 저렴한 비용으로 체험해 볼 수 있는 공간이 되면서 레스토랑, 호텔, 극장, 도서관 등이 등장하였다.

레스토랑restaurant의 기원에는 두 가지 설이 있다. 첫 번째는 1765년 요리사 몽 불랑제Mon Boulanger가 만든 보양식 수프 레스토래티브restoratives를 팔았던 곳에서 시작되었다는 설이다. 레스토래티브는 '체력을 회복시킨다'는 뜻의 레스토레restaurer라는 말에서 유래된 것으로, 그의 수프는 당시 유명했다고 한다. 그리고 그가 남긴 『요리사의 비법』이라는 책을 통해 레스토랑이 더욱 발전할 수 있었다는 것이다. 두 번째는 프랑스 혁명 이후 귀족 밑에서 일했던 요리사들이 연 식당에서 서민들

그림 3-20. 보양식 수프 레스토래티브(좌)와 달팽이 요리 에스카르고(우)

이 음식을 먹고 토론하며 시작되었다는 설이다. 프랑스 혁명 후 왕실이 붕괴되고, 왕을 따르던 궁정 사회도 함께 몰락하면서 일자리를 잃게 된 궁정 요리사들이 시내에 음식점을 개업하며 생겼다는 것이다. 즉, 레스토랑은 과거 궁정 귀족들만 맛볼 수 있던 특별한 요리를 일반 서민들도 비교적 저렴한 가격으로 즐길 수 있게 된 공간이라는 의미를 가진다 (그림 3-20). 이러한 레스토랑의 의미가 특히 우리나라에서 더 고급스럽게 다가온 이유는, 1902년 프랑스계 독일인 앙투아네트 손탁이 조선 정부의 지원을 받아 지은 최초의 서양식 호텔인 '손탁 호텔'에서 국내 최초로 서양 음식을 판매하였기 때문이라고 전해진다.

호텔hotel은 원래 귀족들의 저택인 오텔 파티큘리에hotel particulier를 이르는 말이었다. 중세 시대 왕을 따라다니며 수행하던 궁정 귀족들은 지방마다 자신들의 저택을 지었다. 그러나 프랑스 혁명으로 왕실과 귀족이 몰락하면서 지방 도시를 순회할 필요성이 사라지고 따라서 오텔 파티큘리에에서 머물 일도 없어지게 된 것이다. 거기에 뒤를 이은 산업혁명으로 선박과 자동차와 같은 교통이 발달하면서 관광과 휴양을 위한 여행이 등장했고, 이러한 여행이 중산층으로 점차 확대되면서 귀족들의 지방 저택이었던 오텔 파티큘리에는 저렴한 가격으로 며칠 머물 수 있는 호텔로 전환되었다. 호텔에서 제공하는 친절한 서비스, 이를테면 청소나 세탁, 식사와 같은 룸서비스, 그리고 연회장 이용 서비스 등은 과거 하인들이 귀족들에게 제공하던 서비스가 이어져 온 것으로 볼 수 있다.

비교적 최근에 등장한 모텔motel은 자동차를 의미하는 motor 혹은 auto-mobile 등의 'mo'와 hotel의 'tel'을 합친 용어로, 애초에 자동차 이용자를 대상으로 건축되었다. 일반적으로 호텔보다 저렴한 가격으로 이용하는 모텔은, 과거 마차를 타던 부르주아 계층이 마구간을 갖춘 숙소를 이용했음을 떠올린다면, 이것이 현대로 넘어오면서 자동차 이용자를 위해 주차장이 구비된 숙소로 바뀐 것으로 볼 수 있다.

호텔이 주로 도시의 중심부나 휴양지에 만들어지는 데 비해, 모텔은 약간은 외지고 낯선 장소에 만들어진다. 그 이유는 모텔이라는 이름이 갖는 자동차라는 특성에 있다. 다시 말해, 모텔은 호텔에 비해 상대적으로 입지가 자유롭기 때문이다. 모텔은 자동차를 타고 빠르게 달리는 중에도 숙소임을 알아차리고 급히 차를 세울 수 있어야 한다. 따라서 모텔은 멀리서도 눈에 잘 띄는 외관을 가진다. 이러한 건축을 자동차 문화의 건축 또는 빨리 알아볼 수 있는 건축architecture for speed-reading 이라고 하는데, 모텔의 외관에서 드러나는 강렬한 색상, 큼직한 간판, 화려한 네온사인, 그리고 자동차가 부딪치지 않도록 둥글게 깎아 놓은 모서리 등이 이에 해당한다. 이러한 자동차 문화의 건축은 고속도로 휴게소나 주유소, 그리고 차에서 내리지 않고 차 안에서 곧바로 햄버거나 커피를 주문할 수 있는 드라이브 스루drive thru 패스트푸드점이나 카페

그림 3-21. 자동차 문화의 건축인 모텔의 큰 간판(좌)과 드라이브 스루가 가능한 패스트푸드점(우)

에 이르기까지 폭넓게 적용되고 있다(그림 3-21).

이 외에도, 극장과 도서관 등도 과거에는 왕과 귀족들만이 향유하던 문화였으나 프랑스 혁명 이후 일반 국민들도 돈을 지불하고 이용할 수 있는 공간으로 변화하였다. 그러면서 이들 공간은 현대 대중문화를 뒷받침하는 요소가 되었다.

우리나라 뮤지엄의 등장과 발달

그렇다면 우리나라의 최초의 뮤지엄은 무엇일까? 우리나라 최초의 뮤지엄은 1908년 대한제국기에 설립된 이왕가박물관李王家博物館이다. 창경궁 명정전 일원에 설립되었으나, 그 추진 세력이 일본이었기에 창경궁을 창경원으로 격하시키며 이를 식물원, 동물원과 함께 두었다. 즉, 당시 황제국이던 조선을 '이왕가'로 격하시키고, 왕실에서 사용하던 물건들을 보물관이 아닌 박물관에 전시한 것으로 우리의 아픈 역사를 대변하는 곳이었다. 1938년에는 이왕가미술관으로 사용되기도 하였다. 이렇듯 이왕가박물관은 일본 제국의 힘을 과시하는 공간으로서, 조선에 거주하는 일본인에게 조선에 지생하는 동식물을 모아 놓고 보여 주는 공간으로 활용되었고, 조선인에게는 이곳에 벚꽃나무를 심어 놓음으로써 이마저도 일본 영토임을 보여 주는 공간으로 이용하였다.

해방 이후 이왕가박물관은 열대 동물들의 실내 동물 전시관으로 바꾸어 이용되었다. 이 시기, 소장품은 덕수궁미술관으로 이전하였고, 1969년에는 국립박물관으로 통합되었다. 1983년 원래의 명칭인 창경궁으로 환원하면서 이왕가박물관과 함께 있던 동물원은 과천 서울대공원으로 이사를 갔고, 문민정부가 들어서면서 1992년과 1993년에는 이왕가박물관과 조선총독부 건물의 철거가 결정되었다. 그 당시 있었던 식물원은 아직 창경궁 안에 남아 있다(그림 3-22).

이왕가박물관은 더 이상 볼 수 없지만 이를 대신할 국립중앙박물관이 1966년 공모전을 통해 건축되었다. 일본이 만든 박물관 이미지를 버리고, 당시 민족의식 고취라는 명분으로 국립중앙박물관 공모전에 당선된 건축 디자인은 불국사의 청운교와 백운교 위에 법주사의 팔상전이 올라앉은 형태였다. 이 건축물은 1969년 경복궁 내에 입지되어 국립중앙박물관으로서 첫 개관하였다. 현재 이 건물은 국립민속박물관으로 활용되고 있다. 그리고 국립중앙박물관이 현재의 용산에 위치하기 전에는 조선총독부 건물이 국립중앙박물관으로 사용되었다(그림

그림 3-22. 구 이왕가박물관(좌)과 현재까지 남아 있는 창경궁 식물원(우)

3-23). 당시의 조선총독부는 한국에 지어진 몇 안 되는 서양식 석조 건축물로 건축학적으로는 걸작으로 평가될 정도로 일제가 최고의 기술을 발휘해 지었다. 일본은 건설과 공업 분야의 최고 기량을 갖추고 있던 독일에 의뢰하여, 독일인 건축가 게오르크 데 랄란데Georg de Lalande를 총괄 설계자로 두었는데, 옛 조선총독부 건물은 그의 유작으로 알려져 있기도 하다. 그런 이유로 일부 학자들은 이 건물이 가지는 근대 건축 문화유산으로서의 역사적인 가치를 주장하며 철거에 반대하기도 하였다. 그러나 과거 조선총독부 건물에 우리 역사의 문화유산을 전시할 수는 없었다. 마침내 용산에 새로운 국립중앙박물관 부지가 결정되고 이곳으로 우리의 소중한 문화재들이 이동하면서 2005년, 이곳에서 우리나라의 세 번째 국립중앙박물관이 개관하였다(그림 3-24).

정리하자면 이렇다. 첫 번째 국립중앙박물관은 현재의 국립민속박물관으로 쓰이는 건물이었고, 두 번째 국립중앙박물관은 지금은 없어진 옛 조선총독부 건물이었으며, 세 번째 국립중앙박물관은 현재 용산에 위치한 건물이다. 이렇듯 우리나라의 국립중앙박물관은 이왕가박물관을 대신할 만한 공간의 필요성에서 시작하여 총 세 번에 걸쳐 주 무대

그림 3-23. 과거 국립중앙박물관이었던 현 국립민속박물관(좌)과 옛 조선총독부 건물(우)

그림 3-24. 용산에 위치한 현 국립중앙박물관

가 바뀌었다.

3. 과거를 지향하는 공간 양식, 그 숨은 의미

　일상과 동떨어진 비일상, 대중적이지 않은 비대중적 건축 공간은 권
력을 상징한다. 과학과 기술이 발달한 현대에서 건축이 보다 엄숙하고
우아해지기 위해서는 과거의 양식으로 회귀하여 강한 보수성을 나타
내야 한다. 건축 공간이 과거의 양식으로 돌아가는 것은 경건함과 엄숙
함을 위한 장치가 될 수 있고, 따라서 정치적인 목적을 내포할 수 있기
때문이다.

　19세기의 미국은 고대 그리스 양식을 추구하였다. 이는 새로이 탄생
한 공화국의 이상을 가장 잘 나타낼 수 있는 건축양식이었기 때문이다.
고대 그리스는 민주주의의 발상지이자 폴리스들의 연합체였기 때문
에 민주주의를 기본 이념으로 하면서 여러 개의 주로 이루어진 미국과
유사하였다. 무엇보다 미국은 구대륙과의 독립 전쟁으로 일군 국가였
기 때문에, 당시 구대륙에서 선호하던 로마 양식보다 오래된 그리스 양

식이 더욱 이상적인 모델이었다. 따라서 미국의 수도인 워싱턴 D.C.에 있는 백악관, 국회의사당, 링컨기념관, 제퍼슨기념관, 자연사박물관 등 많은 공공 건축물들은 줄지어 늘어선 기둥을 의미하는 '열주列柱', 그리고 건물 입구 위쪽과 지붕 사이에 있는 삼각형 건물벽 내지는 난간을 의미하는 '페디먼트pediment'를 갖는 그리스 양식으로 지어졌다(그림 3-25).

워싱턴 D.C.의 이러한 건축물들은 한 국가의 수도로서 힘을 상징하는 경관으로 공간을 채우며 빛을 더한다. 특히 워싱턴 D.C.몰은 계획된 녹색 공공 공간에 기념비적인 주요 건물들만 입지시킴으로써 그 의미를 더한다. 즉, 오픈 스페이스open space로 설정된 워싱턴 D.C.몰에는 왼쪽에서 오른쪽으로 링컨기념관, 워싱턴기념비, 국회의사당을 순차적으로 배치시켜 놓았다(그림 3-26). 여기에서 남북 전쟁을 승리로 이끌고 노예 제도 폐지를 주장한 미국의 16대 대통령인 링컨과 미국의 초대 대통령인 워싱턴이 상징하는 것은 미국의 정치 역사와 평등 사상을 반영한다. 또한 국회의사당은 국민의 선거로 선출된 상·하원 의원들이 모여 국가의 일을 수행하는 곳으로 이들은 국민을 대표한다. 미국 국민

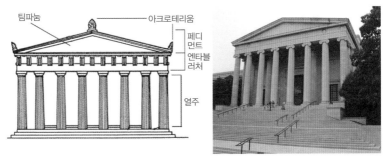

그림 3-25. 그리스 양식의 열주와 페디먼트(좌), 그리스 양식으로 지어진 자연사박물관(우)

그림 3-26. 워싱턴 D.C.몰의 지도(상)와 주요 건물들(하)

그림 3-27. 제퍼슨기념관의 제퍼슨 동상(좌)과 그의 시선이 머무는 백악관(우)

이라면 대부분 존경하는 두 명의 대통령과 국민을 대표하는 의원들을 같은 선상에 일렬로 배치한 것은 결국 미국의 평등 사상을 강조한 것으로 볼 수 있다. 그런 의미에서 워싱턴 D.C.몰의 오픈 스페이스에 일렬로 배치된 이들 주요 건물들은 미국의 힘을 상징하는 것이자 그들의 사상을 반영한 공간이다. 한편 그 일직선상에서 조금 벗어난 위치에 대통령의 업무 공간인 백악관과 미국의 법을 제창한 제퍼슨기념관이 입지해 있는데, 재미있는 것은 제퍼슨기념관 안의 제퍼슨 동상이 기념관의 정면을 향하고 있지 않고 약간 사선으로 놓여 있다는 점이다. 그의 시선은 백악관에 닿아 있다. 이는 제퍼슨의 입장에서 백악관, 즉 대통령이 법을 남용하지 못하도록 견제한다는 의도를 지니고 있다(그림 3-27).

20세기 초의 우리나라는 일제에 의해 공간이 많이 바뀌었다. 일제는 동양에서 먼저 근대화한 일본이 아직 전근대 국가인 조선과 연합하여 서구의 제국주의 침략에 맞서야 한다는 논리로 그들의 침략을 정당화하며 공간을 변화시켰다. 그런 맥락에서 일본이 조선에 짓는 건물은 일본의 양식이 아닌 그들보다 먼저 근대화한 국가의 양식이어야 한다며, 르네상스 양식을 가져왔다. (일본의 건축양식은 그 자체로 우리나라 사람들의 반감을 일으킬 수 있다고 하여 지양되었다.) 일명 네오 르네상스라고 표현된 당시의 건축양식은 새로운 구호로 등장하며, 옛 서울역, 옛 조선은행(현 한국은행 화폐박물관), 옛 조선총독부 등의 건물로 형상화되었다(그림 3-28).

해방 이후, 우리나라는 현대적으로 재해석된 조선 시대 양식이 유행하였다. 즉, 콘크리트로 기둥을 만들고 여기에 서까래를 만들어 붙여

전통 목조 건물을 콘크리트로 재현했는데, 당시에 만들어진 청와대, 서울여상, 그 외 각종 관공서 건물 등이 이러한 건축양식에 해당한다. 이후 1987년에 개관한 독립기념관도 이러한 양식을 바탕으로 하여 건설되었다(그림 3-29).

  지금까지 살펴본 바와 같이 현대의 공간이 과거의 양식으로 회귀하는 것은 오히려 엄숙함을 위한 정치 및 행정적 상징과 힘의 장치가 될 수 있고, 여기에는 정치적인 목적도 지닐 수 있음을 알 수 있다. 무엇보다도 민주주의의 요람이라고 할 수 있는 고대의 그리스, 인본주의의 상징인 르네상스, 그리고 우리의 전통문화에 대해서는 그 누구도 이의를 제기할 수 없다. 그러므로 이미 검증된 양식을 채택하여 문화적 우수성

그림 3-28. 옛 서울역(좌)과 옛 조선은행(우)

그림 3-29. 독립기념관

을 담보하고, 아울러 정치적인 목적에서 정당성을 부여할 수만 있다면, 공간을 이용하는 방법에 있어 과거의 양식을 되살려놓는 것은 매우 그럴듯한 방법 중 하나였을 것이다.

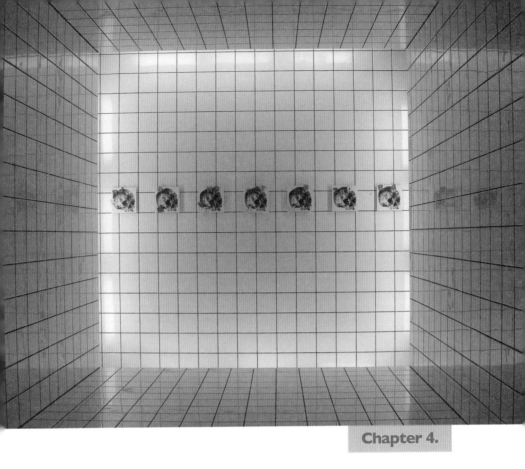

Chapter 4.

경제적 상징의 공간

1. 거대한 경제적 상징

맥도날드와 스타벅스는 우리나라에서도 흔히 볼 수 있지만 해외여행에서도 자주 마주치게 되는 곳이다. 공항에서부터 여행지에 이르기까지 어디에서든 쉽게 찾아볼 수 있다(그림 4-1). 이처럼 맥도날드와 스타벅스는 대표적인 다국적기업이다. 다국적기업이란, 세계 여러 국가에 지사, 공장, 사무실 또는 시설 등을 설치하여 투자와 기업 활동의 범위가 국제적인 영역으로 확대된 기업을 일컫는다. 이들 기업의 본사는 주로 핵심 국가core region에 위치하며, 막대한 자본을 이용하여 주변 국가peripheral region에 경제적으로 부정적인 영향을 미칠 수도 있기 때문에, 새로운 개념의 권력 주체로서 경제적 제국주의자로 간주되기도 한다. 다국적기업의 영향력은 더욱 확대되어 가고 있는데, 이러한 경향에 대해 많은 학자들은 신식민주의neo-colonialism라는 용어를 쓰기도 한다. 핵심 경제권에 속하는 강대국(핵심 국가)들이 그들의 영향력을 다른 지역에 (과거와 같이 직접적인 방법이 아닌) 간접적인 방법으로 유지하거나 확장하기 위해 경제적 또는 정치적 전략을 구사하고 있기 때문이다. 한편 다국적기업은 장소 간 상호의존성을 강화시킴으로써 최근 진행되는 새로운 지리적 재구조화 과정에서 중심적인 역할을 수행하고 있다.

다국적기업인 맥도날드의 노란색 M자 로고나 스타벅스의 초록색 로고처럼 경제적 상징을 가지는 경관이나 건축은 자기과시적인 성격이 강하다. 이처럼 건축에 있어서도 자신을 드러내고 돋보이게 하는 방법에는 크게 네 가지가 있다. '더욱 높게, 넓게, 강하게, 그리고 영원히 건

그림 4-1. 뉴욕 브로드웨이의 맥도날드(좌), 타이베이 시먼딩 거리의 스타벅스와 세븐일레븐(우)

재하게 만드는 것!'이 그것이다.

높게 짓기

과거에는 높은 산, 나무, 바위 등 자연 그 자체가 하나의 신비와 경외의 대상으로서 신성하게 여겨졌다. 현대에 들어와서는 탑, 빌딩, 궁전, 사찰과 성당 등이 힘(특히 경제력)을 상징하고 과시하는 차원에서 높은 곳에 건설되거나 혹은 높이 쌓아 만들어지고 있다.

우리나라의 경우도 마찬가지이다. 1971년에 지어진 31빌딩이나 1985년에 지어진 63빌딩처럼 건물의 층수가 곧 이름이 되던 시기도 있었다. 청계천변에 위치한 31빌딩은 6·25전쟁 직후 미군 군복을 검게 염색하여 민간에게 파는 과정에서 오염이 심해진 청계천을 완전히 덮고, 그 위에 고가도로와 빌딩을 건설하면서 생겨났다. 31빌딩의 이름은 31층이라는 높이를 상징함과 동시에 3·1 독립운동의 의미도 담고 있는, 1970년대 근대화의 상징적 건축물로 알려져 있다. 따라서 31빌딩은 전쟁의 상처를 빠르게 극복하고, 급격한 근대화와 공업화의 길을 걷던 시대를 반영한 건축물이라는 경제적 상징성을 지닌다. 이와 같은 맥락에서, 1980년대의 경제적 상징성을 나타내는 63빌딩은 '86 아시안 게임'과 '88 서울올림픽'을 앞두고 건축되었다. 63빌딩은 31빌딩의 두 배 높이로 계획하여 건설되었는데, 이는 1985년 완공 당시 아시아에서 가장 높은 빌딩이었다. 식민 지배를 경험한 국가에서 올림픽과 같은 대형 국제 행사를 치른다는 것은 세계적으로 놀랄 만한 일이었다. 우리의 입장에서는 세계적인 행사에 보여 줄 만한 성과가 필요하였다. 아마도 이런 이유로 높게 짓는 것을 결정하고, 그것을 구현한 것이 63빌딩이 아니었을까 생각된다. 여하튼 이러한 31빌딩, 63빌딩은 그 당시 얼마나 우리가 높이에 집착했고, 또한 자랑스럽게 생각했는지를 알 수 있게 해 주는 경관들이다(그림 4-2).

우리나라뿐만 아니라 높게 짓기를 통한 경제적 상징성과 자기과시성은 외국의 사례에서도 쉽게 찾아볼 수 있다. 미국 뉴욕의 엠파이어 스

그림 4-2. 31빌딩(좌)과 63빌딩(우)

테이트 빌딩은 1931년 완공되었을 당시부터 약 40여 년간 세계에서 가장 높은 빌딩이었기에, 미국 경제와 미국인의 자존심이라 불릴 정도로 미국인의 마음에 자부심으로 여겨지는 건물이다. 총 381m, 102층의 높이에 86층과 102층에는 전망대가 있으며, 그 위에는 높이 68m의 텔레비전 송전탑이 있다. 휴일이나 기념일에는 그에 맞게 야간 조명을 달리하고 있어, 로맨스 영화에도 자주 등장한다. 그런 이유로 이 빌딩은 자유의 여신상과 함께 미국을 상징하는 아이콘이 되었다(그림 4-3). 이와 더불어, 뉴욕의 세계무역센터(WTC: World Trade Center) 역시 초고층 건물이었다. 1972년, 공식 개장한 세계무역센터는 당시 110층짜리 쌍둥이 건물이었다. 이 건물이 상징하던 바가 미국의 국력이자 경제력이었기에 이슬람 테러의 표적이 되었고, 안타깝게도 2001년 9·11 테러로 붕괴되고 말았다. 현재는 재건립이 추진되어, 주 건물인 원월드트레이드센터(1WTC: One World Trade Center)가 2014년에 개장하였다.

그림 4-3. 엠파이어 스테이트 빌딩 입구(좌)와 빌딩 전망대에서 바라본 뉴욕의 마천루(우)

표 4-1 전 세계 고층 빌딩 순위(2016년 기준)

순위	건물명	도시(국가)	높이(m)	층수	완공 연도	용도
1	부르즈 칼리파	두바이(아랍 에미레이트)	828	163	2010	사무실, 주거, 호텔
2	상하이타워	상하이(중국)	632	128	2015	호텔, 사무실
3	마카로알클락 타워	메카(사우디아라비아)	601	120	2012	호텔 등
4	원월드트레이드 센터	뉴욕(미국)	541.3	94	2014	사무실
5	타이베이101	타이베이(타이완)	508	101	2004	사무실
6	상하이세계 금융센터	상하이(중국)	492	101	2008	호텔, 사무실
7	국제상업센터	홍콩(중국)	484	108	2010	호텔, 사무실
8	페트로나스 트윈 타워1	쿠알라룸푸르(말레이시아)	451.9	88	1998	사무실
9	페트로나스 트윈 타워2	쿠알라룸푸르(말레이시아)	451.9	88	1998	사무실
10	지펑타워	난징(중국)	450	66	2010	호텔, 사무실
11	윌리스타워	시카고(미국)	442.1	108	1974	사무실
12	KK100	선전(중국)	441.8	100	2011	호텔, 사무실
13	광저우국제금융 센터	광저우(중국)	438.6	103	2010	호텔, 사무실
14	432파크애비뉴	뉴욕(미국)	425.5	85	2015	주거
15	트럼프국제호텔& 타워	시카고(미국)	423.2	98	2009	주거, 호텔
16	진마오타워	상하이(중국)	420.5	88	1999	호텔, 사무실
17	프린세스타워	두바이(아랍 에미레이트)	413.4	101	2012	주거
18	알함라타워	쿠웨이트(쿠웨이트)	412.6	80	2011	사무실
19	제2국제금융 센터	홍콩(중국)	412	88	2003	사무실
20	23마리나	두바이(아랍 에미레이트)	392.4	88	2012	주거

출처: The Skyscraper Center

　미국 외에도 현재 세계에서 손꼽을 만한 높은 빌딩들은 중국, 타이완, 홍콩, 말레이시아, 두바이 등 개발도상국에 있으며(표 4-1, 그림 4-4), 여전히 높게 짓기가 진행 중이다.

그림 4-4. 부르즈 칼리파

넓게 짓기

높게 짓기를 통한 과시적인 경관은 여전하지만, 최근에는 넓게 짓기가 더욱 대세이다. 건물의 고층화에 따른 교통 혼잡, 환경 오염, 거주 적합성 저하, 위화감 조성 등은 초고층 빌딩에 대한 부정적 인식을 가중시키기 때문이다. 이러한 이유로 최근 선진국들은 높은 건물이 주는 위화감을 줄이는 대신 공간을 넓게 활용함으로써, 경제적 힘을 상대적이나마 우회적으로 보여 주기 위해 넓게 짓기를 대안으로 제시하고 있다.

공간을 넓게 쓴다는 것은 두 가지의 의미를 지닌다. 첫째는 절대적으로 물리적 공간이 넓은 것을 의미하고, 둘째는 어느 한 공간의 내부에 기둥을 두지 않음으로써 공간을 넓게 쓴다는 것을 의미한다. 즉, 같은 넓이라도 기둥을 촘촘하게 세운 방과 경간徑間을 넓게 한 방은 공간상 넓이의 차이를 가져온다는 것이다. 과거에는 건축 기술이 발달하지 못하여 기둥을 촘촘하게 세우는 것이 일반적이었지만, 건축 기술이 발달한 현대에는 경간을 넓게 하여 건축하는 것이 가능해졌다. 더 나아가 무주 공간無柱空間을 만들어 아예 기둥을 최소화하기도 한다. 이러한 무주 공간은 시각적으로 트여 있는 효과를 주기 때문에 넓은 공간이라는 느낌을 배가시킬 수 있을 뿐만 아니라, 건축 기술과 국력을 과시할 수 있다는 점에서 최근에는 초고층보다 초경간 건축이 더 선호되고 있다. 이러한 초경간을 현실화·시각화시킨 대표적인 건물로 프랑스 파리의 퐁피두센터Pompidou Centre를 들 수 있다.

퐁피두센터는 파리의 3대 미술관 중 하나로, 보부르Beaubourg가와 파리의 사적지인 마레 지구Explore the Marais 주변에 있는 프랑스의 국립 문화센터이다. 정식 명칭은 국립 조르주 퐁피두 예술 문화 센터centre national d'art et de culture Georges-Pompidou이며, 소재한 거리의 이름을 따서 보부르센터라고 통칭되기도 한다. '퐁피두'라는 이름은 지어질 당시(1969년)의 대통령 조르주 퐁피두Georges Pompidou의 이름에서 따온 것이다. 이후 1977년 1월 31일 발레리 지스카르 데스탱Valéry Giscard d'Estaing 대통령이 정식으로 개관하였다.

퐁피두센터는 너비 166m, 안길이 60m, 높이 42m의 건물에 배수관과 가스관, 통풍구, 에스컬레이터 등이 밖으로 노출되도록 지어졌다. 마치 인체 해부 모형을 보는 것과 비슷하다. 또한 적색과 청색 등 다양한 색의 건물 철골을 그대로 드러낸 외벽과 유리면으로 구성된 파격적인 외관은 개장 당시에는 충격을 주며 사람들의 시선을 끌었다(그림 4-5). 이렇듯 공장을 연상시키는 위압적인 겉모습으로 인해 개관 초기에는 너무 적나라한 건축물, 혹은 너무 직설적인 건축물이라는 부정적

그림 4-5 퐁피두센터의 외관

그림 4-6. 무주 공간을 실현한 퐁피두센터의 내부

인 평가를 받기도 하였다. 하지만 건물이 주는 엉뚱함과 유쾌함에 매료된 많은 관광객들이 퐁피두센터를 방문하면서, 퐁피두센터가 현대 건축의 패러다임을 바꿨다는 긍정적인 평가를 받기 시작하였다. 무엇보다 퐁피두센터가 이렇게 독특하게 설계된 이유는 미학적이거나 조형적인 이유가 아닌, 내부 공간을 넓게 만들기 위함이었기 때문이다. 결국 배관이나 통풍구, 에스컬레이터와 같은 중요 시설을 아예 건물 밖으로 빼낸 퐁피두센터는 내부 전체를 무주 공간으로 계획한 좋은 사례가 되었다(그림 4-6).

즉, 퐁피두센터는 실내 전체를 무주 공간으로 만들어 초경간을 실현하기 위한 시도였다는 점에서 의의를 찾아볼 수 있는 건물이다. 그리고 이는 퐁피두센터를 '문화의 공장'이라 칭하는 계기가 되었다. 건축 설계가 갖는 대담한 이미지와 자유롭게 내부 변경이 가능하다는 점은 문화적 소통으로 이어질 수 있었다. 개관 초기부터 독특한 외관으로 많은 사람들이 모여 들기는 했으나 이후에도 꾸준히 사람들이 가장 많이 방문하는 세계 주요 문화 시설 중 하나라는 점은 이를 잘 반영한다. 현재 지상 7층, 지하 1층으로 이루어져 있는 퐁피두센터에는 도서관BPI, 공업창작센터CCI, 음악·음향의 탐구와 조정 연구소IRCAM, 파리국립근대미술관MNAM 등이 들어서 있는데, 미술관이 확대되고 도시에 최신 설비가 도입되면서 이곳은 파리의 미술과 문화의 중추로서 점점 중요한 역할을 맡고 있다(그림 4-7). 이렇듯 퐁피두센터는 유럽 최고의 현대 미술 복합 공간이기도 하지만 파리 문화 예술의 수준을 단적으로 보여 주는 곳이라 해도 과언이 아니다.

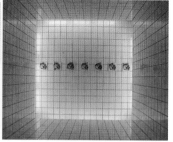

그림 4-7. 퐁피두센터의 파리국립근대미술관

강하게 짓기, 그리고 영원하게 짓기

건축에 있어서 보다 어렵고 정교한 기술, 보다 내구력이 강한 재료를 사용한다는 것은 결국 영속성을 보장하고 권력을 유지하기 위한 것이다. 다시 말해, 경제적·정치적 권력은 건축 기술과 재료의 차이로 발현된다는 것이다. 과거 메소포타미아 문명에서 일반 가옥은 햇빛에 말린 벽돌을 사용하고, 왕궁은 불에 구운 벽돌을 사용하였는데, 이것은 바로 그런 예이다. 우리나라의 초가지붕과 기와지붕도 마찬가지 사례로 볼 수 있다(그림 4-8). 볏짚으로 지붕을 이은 초가의 내구력은 약 1~2년 정도이고, 초벌 구이 기와로 지붕을 이는 와가瓦家의 내구력은 30~40년이라고 하니, 이것이 곧 권력이 차이를 상징적으로 보여 주는 것이 아니겠는가?

일반적으로 95%에 해당하는 일반 주거 건축은 약 30~40년 정도의 수명을 갖는다. 반면 4.9%에 해당하는 부자들의 거대한 집이나 공공건물 등의 고급 건축은 약 100~200년 정도의 수명을 가지며, 0.1%에 해당하는 왕을 위한 건축(살아 있는 왕을 위한 궁궐이나 죽은 왕을 위한 무덤 등)과 같은 최고급 건축은 500년 이상 지속된다고 알려져 있다.

그리고 이러한 최고급 건축이 문화유산으로 지정되면 더욱 세심한 관리를 받게 되므로, 1,000~2,000년의 세월을 견디는 것도 가능해진다. 이처럼 권력에 따라서 건축은 '얼마나 강하게 짓느냐, 얼마나 영원하게 남느냐'의 여부가 결정되고, 이는 결국 건축

그림 4-8. 신분의 차이를 반영하는 기와지붕과 초가지붕

의 수명도 권력에 따라 얼마든지 달라질 수 있다는 것을 보여 준다.

2. 우리나라의 경제·산업을 이끈 공간

　우리나라 경제·산업을 이끈 공간을 살펴보기 전에 먼저 우리나라의 산업 정책의 전개와 변천 과정을 살펴보고자 한다. 구로, 용산과 같은 우리나라의 경제·산업 공간은 정부가 주도한 산업 입지 정책 추진과 정과 무관하지 않기 때문이다.

　1960년대는 수출 산업 지원 정책이 이루어졌던 시기로 산업화를 통한 경제성장이 최우선 과제였다. 이 시기에는 산업 생산의 효율적인 지원을 위해 노동력, 도시 기반 시설, 항만 등 입지 여건이 유리한 경인 및 남동부 지역에 지원이 집중되었다. 서울 구로동과 인천의 6개 수출 산업단지가 포함된 경인 지역은 노동 집약적인 경공업 산업단지가, 그리고 울산석유화학단지·포항종합제철단지 등이 포함된 남동부 지역은 중화학공업 산업단지가 조성되었다.

　1970년대는 중화학공업 육성 정책이 진행되었던 시기로, 제3차 경제개발 5개년 계획1972~1976하에 중화학공업 위주의 산업구조 개편 정책이 추진되었다. 이 시기에는 울산과 포항의 공업 지역이 더욱 확대되었을 뿐만 아니라 온산, 옥포, 죽도, 창원, 여천, 북평, 아산만 등에 대규모임해 공업단지가 조성되었는데, 지역 균형 발전보다는 효율성을 중시하여 제철·석유화학·비철금속·조선·기계 등 특정 공업 중심의 공업단지가 조성되었다.

　1980년대로 들어와서는 지역 균형 발전 정책으로 정책 방향을 달리하면서 국토의 균형 발전을 위해, 중소 규모의 공업단지를 전국적으로 확대·배치하였다. 지역별 성장 잠재력에 따라 지방에 공업단지를 배치하고, 부존자원 등 각 지역이 지닌 입지 특성을 바탕으로 공업지대를 형성하였으며, 대도시에 부적합한 공장을 이전·수용할 수 있는 공업단지를 조성하기 시작하였다. 이에 따라 1980년대 초반에는 광주하남, 소촌, 부용, 조치원, 전주, 진해마천, 대불, 군장 등에 공업단지가 조성되었다.

1990년대로 들어와서는 산업 경쟁력 강화 정책이 시행되었다. 생산의 양적인 성장보다 기술의 혁신, 생산성의 증대를 통한 기업의 경쟁력을 중시하게 된 시기이다. 따라서 공업단지 조성 위주의 정책에서 탈피하여 공장 부지의 공급과 함께 물류, 정보, 서비스 등 복합적인 기능을 수행할 수 있는 산업단지를 조성하고자 하였다. 그 결과 다양한 형태의 중소 규모 산업단지가 조성되었고, 첨단 산업 육성을 위한 과학 산업단지가 조성되었을 뿐만 아니라 중소기업을 지원하기 위한 정책을 강구하게 되었다.

2000년대 이후에는 생산자 서비스업, 첨단 산업 등의 지식 기반 산업이 보다 발전함에 따라 산업단지 정책에서도 큰 변화가 나타났다. 우선 과거와 같은 대규모 입지 수요는 감소하고, 특성화되고 전문화된 맞춤형 산업단지 공급의 필요성이 증대되었다. 또한 산업단지의 혁신 클러스터화가 중요한 정책 과제로 대두되면서 과거의 생산 기능 중심의 산업단지에서 연구 개발과 기업 지원 기능을 갖춘 복합단지로의 고도화가 요구되고 있다.

구로디지털단지, 구로공업단지를 추억하다!

구로공업단지(이하 구로공단)는 수출을 통한 경제 성장을 위해 1964
년 서울특별시 구로구에 조성된 우리나라 최초의 국가 산업단지이다.
구로공단은 당시 한국의 대표적인 수출산업기지로서, 1960년대 단순
가공업을 시작으로 1970년대로 들어와서는 섬유·전기·전자 업종이
대거 입주해 호황을 누렸으며, 1970년대 후반에는 약 11만 명이 이곳
에서 종사하였다. 그러나 1980년대부터 재벌 기업이 주도하는 중공업
으로 산업의 중심이 이동하고, 서울의 지가 상승과 환경 오염 등으로
공단 입주 기업들이 점차 빠져나갔다. 즉, 경공업의 부진과 공단의 자
동화, 공해 기업의 이전 정책 등이 맞물리면서, 1989년을 정점으로 쇠
퇴하기 시작하였다. 연간 수출 실적은 하락하였고, 우리나라 전체 수출
에서 차지하는 비중도 감소하였다. 1995년에는 이곳 노동자 수가 총 4
만 2천 명까지 줄어들었다. 이에 따라 구로공단은 새로운 산업구조에
적응하기 위해 대대적으로 변신하기 시작하였다. 구로공단을 첨단 산
업단지로 육성하면서, 이름을 서울디지털국가산업단지로 바꾸고, 입
지한 산업도 제조업에서 출판, 영상, 방송 통신, 정보 서비스업, 의료,
광학, 정밀 화학, 신소재 등으로 변화하였다. 이에 따라 경관에도 많은
변화가 나타났다. 과거의 공장은 최신 아파트형 공장으로 바뀌었고, 대
형 아울렛도 등장하여 현재는 굴뚝 없는 공단의 이미지를 조성하게 되
었다(표 4-2, 그림 4-9).

구로공단이 있던 옛 구로동은 우리나라의 대표적인 수출 산업 공간
으로서 노동자들의 일상적 공간이자 여가 활동의 공간이기도 하였다.
이들의 여가 활동은 주말에는 지리적으로 다소 분산된 경향을 보였지

표 4-2. 구로공단의 변화

1960년대	1970년대~ 1980년대 중반	1980년대 중반 ~1990년대 중반	1990년대 중반 ~2000년대
국내 최초의 공업단지 조성 수출 공업 진흥	전국 수출 10% 차지 노동 집약적 산업 중심	경공업 부진 환경 오염 및 지가 상승 수출 비중 감소	첨단 산업 단지 조성 관리 기본 계획 변경 업종 첨단화 추진

그림 4-9. 구로공단(좌)에서 구로디지털단지(우)로의 경관 변화

만 주중에는 대체로 구로와 영등포 지역으로 한정되었다. 이것은 생산직 노동자들의 노동 시간이 길고 노동 강도가 높기 때문에 여가 활동을 위해 장거리 통행을 하기 쉽지 않은 데 기인한다. 따라서 다른 어떤 지역 못지않은 다양한 서비스 기능이 구로동과 그 주변 지역에 집중적으로 공급되었다. 그중에서도 휴일 구로동 주변 지역에 분포했던 동시 상영관들은 노동자들의 일상적 경험의 단면을 볼 수 있는 곳이었다. 일반적인 영화관과 달리 이곳은 영화만을 관람하기 위한 공간이 아니라 휴식을 취하고 이야기를 나누며 잠을 청하는 곳이기도 하였다. 이러한 동

그림 4-10. 구로공단 지역의 동시 상영관

시 상영관은 마땅한 여가 계획이 없는 사람들이 쉽게 찾을 수 있는 장소였고, 또한 하루 종일 시간을 때울 수 있는 장소였다. 당시 구로동의 한보극장, 가리봉동의 공단극장·천일극장·가리봉극장·태양극장, 대림동의 대림극장·서진극장 등이 그러하였다. 그런 의미에서 구로동의 동시 상영관은 삶의 피로를 풀고, 노동력을 재충전할 수 있는 공간이었다(그림 4-10).

　그렇다면 구로공단에서 살아가던 노동자들의 일상적 주거 공간은 어떠했을까? 그들이 거주하던 주거 형태는 소위 '벌집'으로 불리던 일실병렬-室並列형 주거 공간이었다. 즉, 주택의 가장 단순한 구성인 방과 부엌만이 병렬적으로 결합되어 있는 형태였다. 공단이 조성되고, 노동자들의 주택 수요가 급증하자 임대를 통해 가계 수입을 늘리려는 목적으로 주택의 증·개축이 이루어졌고, 그 과정에서 벌집의 형태가 등장하였다. 이런 상황에서 구로공단의 성장과 함께 주변에 있던 가리봉동까지 그들의 주거지가 확대되었다. 따라서 구로동과 가리봉동 일대는 우리나라의 대표적인 노동자들의 일상 공간이 되었을 뿐만 아니라 현재까지도 벌집 주거 형태가 존재하고 있는 동네이다.

그림 4-11. 구로동과 가리봉동 일대에 남아 있는 벌집 형태의 주택

　구로공단의 노동자들이 살았던 벌집은 외관상으로는 단독주택 혹은 연립주택의 모습을 취하고 있다. 하지만 호당 10~50세대가 거주할 수 있도록 설계를 변경하였기 때문에, 내부 구조를 들여다보면 마치 비둘기집처럼 네모 칸칸이 구분된 방들이 일렬로 쭉 늘어서 있는 광경을 볼 수 있다(그림 4-11). 이러한 벌집 형태의 주택이 건설된 이유는 크게 두 가지 측면에서 찾을 수 있다. 첫째, 주택 수요자의 측면에서 보면, 단신으로 이농하여 공단에 취업한 1인 가구는 가장 단순한 구성인 방과 부엌만으로도 생활이 가능하고, 또한 주거비를 줄일 수 있는 방편이 되었기 때문이다. 두 번째로, 주택 공급자의 측면에서, 사용 면적이 좁은 방을 많이 공급하는 것이, 넓은 방을 적게 공급하는 것보다 더 많은 임대 수입을 올릴 수 있었기 때문이다. 즉, 벌집 형태의 주택은 단신 가구인 수요자의 주거비를 줄이려는 욕구와 공급자의 임대 수입을 늘리려는 욕구가 만나는 지점에서 생성된 것이라고 볼 수 있다.

　구로공단이 구로디지털단지로 변모하면서 이들 벌집의 수요는 점차 줄어들고 있기는 하지만 물리적인 건축물 및 공간 구조가 바뀌는 데는 상대적으로 더 많은 시간이 필요할 것으로 보인다. 한편 예전의 공단 노동자들이 살았던 벌집들은 현재 조선족들의 거주 공간으로 바뀌고 있어, 노후한 모습으로 여전히 남아 있다. 이들 벌집은 구로동과 가리봉 일대 노동자들의 애틋한 추억과 삶의 애환을 반영한 공간의 기억으로서 존재하고 있다.

용산 전자상가, 하이테크hightech 경관으로 바라보기?

현대로 오면서 시대를 규정하는 새로운 용어들이 등장하고 있다. 바로 '세계화, 지구화, 정보화, 새로운 시대' 등이 그것이다. 우리는 현재에 살고 있지만 사회의 무게 중심은 미래에 자리하고 있는 것이다. 이러한 용어들이 우리의 가치를 주도하고 있는 이유는 바로 기술결정론적 시각에서 미래를 바라보고 있기 때문이다. 기술 혁신이 사회 변혁의 원동력이 될 수 있다는 믿음은 사람들로 하여금 '기술 발달은 곧 만병통치약'이라는 결정론적 담론을 자연스럽게 받아들이게 하였다. 하지만 기술의 사회적 관계를 언급하지 않고, 그 당연함에만 집착하는 미래결정론, 즉 기술결정론은 아직 실재하지 않는 신기술 이데올로기적 미래담론을 경관에 깃들게 하였다.

미래를 끌어다가 현재를 치장하는 데 쓰고 있는 달콤한 신기술 이데올로기인 기술결정론은 여러 가지 모습의 하이테크 경관을 도시 공간에 자리 잡게 하였다. 이미 우리 생활의 일부가 된 정보 통신 혁명, 즉 재택근무, 전자 투표, 홈 쇼핑과 인터넷 쇼핑, 화상 회의, 도서관의 데이터베이스 서비스, 전자신문, 전자우편, 인터넷을 통한 각종 외국어 시험, 지도 서비스, 스마트폰 등이 모두 하이테크 경관인 것이다. 이런 하이테크 경관은 새로운 시대의 지표 혹은 새로운 유형의 민간 및 사회

조직을 불러일으키고 있기에 첨단 정보화 경관이라고도 부를 수 있다. 첨단 정보화 경관은 메커니즘의 변화를 반영한다. 다시 말해, 도시경제를 경직화에서 유연화로, 도시정치를 집권화에서 분권화로, 도시문화를 모더니즘에서 포스트모더니즘으로, 도시환경을 환경파괴적인 회색에서 환경친화적인 녹색으로 변화시키면서 도시공간을 바꾸고 있다. 또한 첨단 정보화 경관은 지구화라는 거대한 흐름을 반영하는데, 지구화는 개별 경관, 개별 도시들을 범지구적인 정치·경제의 영향권 안에 긴박시키고 있다. 앨빈 토플러Alvin Toffler가 말한 '가치 체계의 순간성과 휘발성'이 만연하게 되고, 사회 전반적으로 이미지와 상징의 위력이 높아지는 것이다. 그러한 가운데 우리의 삶은 자연스레 하이테크 경관 및 첨단 정보화 경관에 놓이게 되지만, 역으로 정치·경제·문화의 변동 속도를 따라잡지 못하게 되면 경제적 소외와 더불어 일상화된 소외에 놓일 수밖에 없게 된다. 그리고 점차 하이테크 경관에서 멀어지게 된다. 이러한 모습을 보여 주는 공간이 있다. 바로 서울의 용산 전자상가이다.

먼저 용산 전자상가를 시간의 흐름에 따라 살펴보자. 용산 전자상가가 형성된 이유는 다음과 같다. 첫째, 1970년대 용산에 있던 청과물 시장이 가락동으로 이전하게 되고 둘째, 청계천 세운상가 일대의 전기·전자상가 정비계획이 추진되면서 도심 부적격 기능으로 지정된 전기·전자 업종의 이전 지역으로 용산 시장이 조성된 것을 이유로 들 수 있다. 따라서 1980년대, 정확히는 1983년에 용산 전기·전자 제품 유통단지 조성계획이 결정되었고, 1987년에 용산 전자상가 일부가 준공되면서 청계천 상인 일부가 이곳으로 이전하였다. 우리나라의 1980년대는

86 아시안게임, 88 서울올림픽을 통해 국제적 위상이 높아진 시기였을 뿐만 아니라 1980년대 중반에는 저달러, 저유가, 저금리라는 3저 호황의 시기를 맞아, 이 시기를 거치면서 자동차 산업 및 전기·전자 산업의 수출이 급격하게 증가하였다. 이들 산업은 이 시기 우리나라 경제의 성장 주도 산업으로 정착하게 되었다. 그러한 가운데 용산 전자상가는 서울시의 도심 부적격 기능 이전 계획과 전기·전자 관련 업종의 새로운 전문 유통 시설에 대한 필요로 생겨난 것이다. 당시 『용산구지』 지역 경제란에 실린 기사를 보면, "용호로 양측에 형성된 전자상가는 1980년대 초부터 조성된 우리나라 전자, 전기, 사무기기 제품 거래의 총본산이다. 이곳에는 ㈜서울전자유통의 전자랜드를 위시하여 거의 1,000개가 넘는 도소매업체가 집합하여 전자, 전기, 사무기기에 관한 한 국내 유명 메이커에서 생산된 모든 제품에다가 일본, 독일, 미국 등 세계 각국의 최첨단 전자 제품, 사무기기 일체가 판매·유통되고 있어, 실로 장관을 이루고 있다."라고 소개되어 있다. 이처럼 당시 용산 전자상가는 첨단 전자 부품 및 완제품 유통 공간으로서는 국내 최초였을 뿐만 아니라 동양 최대였다.

하지만 1987년 이후 정착기에 들어간 용산 전자상가의 경관은 당시 3저 호황에 따른 산업적 요청에 따라 계획의 급격한 변화와 그에 따른 계획 추진의 졸속성을 '선형적linear 상가'라는 경관에 그대로 반영하였다(그림 4-12).

그다음으로, 용산 전자상가를 공간적인 맥락에서 살펴보면 이곳은 네 가지 특징이 드러난다. 첫째, 용호로 양측 가로변에 동서로 길게 늘어선 3~4층 규모의 건물들은 심미적 고려는 전혀 없이 기능적 편의 위

그림 4-12. 차량 접근성 위주로 형성된 용산 전자상가의 선형적 경관

그림 4-13. 용산 전자상가의 주차장

주로만 배치시켜 놓았다. 둘째, 선형 건물 뒤쪽으로는 하나같이 넉넉한 주차장을 갖추고 있다(그림 4-13). 이는 특히 자가용을 이용하는 구매자와 상가에 입주한 상점의 택배 업무를 위한 접근성을 고려해 설계된 것이다. 셋째, 용산 전자상가 건물은 거의 모두 중복도로 이루어져 있다. 이러한 공간 구성은 서구의 쇼핑몰 형태를 모방한 것이지만, 빈번한 호객 행위로 인해 서구의 쇼핑몰과는 달리 느긋한 윈도쇼핑window-shopping이나 다양한 공간 즐기기는 불가능하다. 넷째, 용산 전자상가는 성냥갑 형태로 상가를 배치하였다. 그러다 보니 재래시장과 크게 다를 바 없이 휴식 공간에 대한 배려는 거의 찾아볼 수 없고 상점들만이 빽빽하게 들어차 있다. 이러한 특징들을 볼 때, 결국 용산 전자상가는 쾌

적한 쇼핑 공간을 창출하기 위한 다각적 배려보다는 동양 최대의 전기·전자 유통단지를 급조해야 할 필요성으로 인해 탄생한 것임을 알 수 있다. 용산 전자상가를 구성하고 있는 원효상가, 나진상가, 선인상가 등 대부분 상가들은 이러한 네 가지 특징이 그대로 나타난다. 상대적으로 용호로 서쪽 끝에 위치한 전자랜드와 전자타운은 백화점 형태로 상가를 배치하여 비교적 다각적인 공간 구성(쇼핑 및 여가 공간)이 나타나기는 한다(그림 4-14). 하지만 여전히 이곳 용산 전자상가의 하이테크 경관은 판매되는 상품들의 첨단성과는 달리, 재래시장의 면모를 크게 벗어나지 못하고 있다. 네모반듯하고 커다란 덩어리의 건물들이 간선도로를 따라 쭉 늘어선 경관은 사람들의 눈길과 발길을 뒤로 한 채 고도의 기능적 효율성만을 쫓아간 모습이다. 다시 말해, 차량의 접근성만을 고려하느라 도로를 따라 길게 선형으로 늘어선 상업 지역이 남아 있을 뿐이다. 더욱이 주변 지역으로 순차적인 개발이 이루어지지 않아, 주택가에 소프트웨어 개발팀이 진출해 들어가는 파행적인 토지 이용 형태가 나타나기도 한다.

사실 용산 지역은 매우 높은 개발 잠재력을 지닌 곳이다. 북으로는

그림 4-14. 전자랜드

중구, 남으로는 한강과 이어져 있을 뿐만 아니라, 용산구는 한강에 놓인 다섯 개의 다리(한강대교, 한남대교, 동작대교, 반포대교, 원효대교)로 동작구 및 여의도와 연결되어 있다. 또한 서울에서는 보기 드물게 상당한 나대지(용산 미군 기지나 철도청 공작창)를 가지고 있는 지역이기도 하다. 그런 이유로 현재 용산은 거대한 비즈니스 타운과 고급 주거 지구 조성을 추진하고 있으며, 따라서 조만간 침체된 경관이 부흥할 것이라는 전망도 나온다. 그럼에도 불구하고 여전히 낙후된 용산 전자상가가 어떠한 변화를 맞이하게 될지 현재로서는 불분명하다.

따라서 용산 전자상가는 하이테크 경관으로서 비관성의 도출을 유도한다. 도로를 중심으로 양측으로 길게 늘어선 직사각형 건물들은 우리나라 유통 구조의 모순들을 일관성으로 표출하였다. 거기에 상당량의 무자료 품목들을 다루고 있고, 공공연한 호객 행위와 상인들의 불친절, 학연이나 인맥을 통한 판로 개척, 부실한 고객 관리 등 전근대적인 유통 방식을 답습함으로써 재래시장과 다름없는 유통 구조를 답습하고 있다. 여기에 더해 거대 유통업체의 상업적 횡포는 이곳의 낙후를 가중시키고 있다. 활황기에는 유통 공간으로서 나름대로 쓰임새가 있었으나 불황기와 정체기가 도래하자 유통 공간으로서 별다른 매력을 발휘하지 못하였고, 지금은 새로운 모습으로 거듭나야 할 필요성에 직면해 있다.

용산 전자상가의 낡은 건물들을 보노라면 이곳에는 아무런 긴장감이 없는 듯하지만, 사실 이 안에는 많은 동남아시아 노동자들이 조립한 컴퓨터 구성물이, 그리고 미국이나 일본에서 생산된 하드디스크나 주변 기기들이 함께 어깨를 맞대고 있다. 이러한 용산 전자상가의 하이테크

그림 4-15. 용산 전자상가의
낡은 경관

경관은 그 엉성하고 낡은 모습 속에 '국제화된 상품 거래의 한국 지부'
라는 의미가 감추어져 있는 것이다. 우리는 용산 전자상가를 통해 과거
의 화려했던 하이테크 경관과 제품이 지금의 낙후된 경관으로 연결되
는 아이러니함을 목격하며, 한때 자본주의의 치열함을 미학적으로 덧
칠하던 그 시대를 회상해 본다(그림 4-15).

소비문화의 공간

1. 소비 욕망을 길러 내는 건축, 백화점

특정한 시대와 장소를 점유하는 건축은 인간이 의도하고 중재하여 만드는 문화적 인공물로 그 시대의 상황과 사회상을 반영하는 공간이다. 이렇게 사회상을 반영하는 건축 중에서 소비 공간은 그 시대의 가치관과 일상성을 드러낸다. 그중에서도 판매 이익의 극대화를 목표로 하는 백화점은 자본주의의 대표적 소비 공간으로서 매출에 직접적으로 영향을 주는 주 고객층에 대한 철저한 분석과 전략을 통해 공간을 구성한다. 따라서 다른 어떤 공간보다 사회 변화를 보여 주는 의미 있는 공간이다.

백화점의 사전적 의미는 '여러 가지 상품을 부문별로 나누어 진열·판매하는 대규모의 현대식 종합 소매점'으로 정의된다. 이는 백화점의 가장 기본적인 기능을 설명한 것으로, 지극히 평범하고 당연한 정의라고 할 수 있다. 그러나 백화점이 처음 출현했던 당시를 돌이켜보면, 이 공간은 분명 이전 시대와는 다른 경제적·사회적·문화적 변동을 반영한다.

프랑스에서는 산업혁명 이후 대량 생산, 대량 유통, 대량 소비가 가능해진 근대의 공업화, 산업화, 도시화 및 소비자본주의의 산물로 세계 최초의 백화점이 등장하였다. 그러나 우리나라의 백화점은 산업혁명이나 자생적인 근대화를 거치며 자연스럽게 등장한 것이 아니라 일제 강점기에 형성되었기 때문에 '식민'이라는 타율성이 작용하여, 백화점의 보편적인 발달 과정과 함께 식민지의 특수성이 결합되어 발달하였다. 이렇듯 백화점의 등장 역사가 서로 다른 두 도시, 파리와 서울을 비교함으로써 역사적 맥락이 백화점 공간에 부여할 수 있는 의미를 살펴보자.

파리, 도심재개발로 탄생한 르 봉 마르셰 백화점

파리에서 백화점이 등장한 배경에는 크게 네 가지가 있다. 첫 번째는 '산업화와 도시화'이다. 백화점은 19세기 프랑스 파리에서 처음 등장했는데, 이는 프랑스 혁명 및 산업혁명과 관련이 있다. 18세기 프랑스 혁명으로 부르봉 왕조가 몰락하고, 이후 나폴레옹이 혼란한 정국을 수습하면서 정권을 장악하여 섬유 산업을 중심으로 한 산업혁명이 시작되었다. 그러나 제2제정1852~1870이 시작되면서 나폴레옹 3세가 부르봉 왕조보다 더한 절대 권력을 행사하자 파리 시내는 폭동이 끊이지 않았다. 당시 파리 지사였던 오스만 남작Baron Haussmann은 도심의 소요와 폭동을 잠재우는 방법 중 하나로 '도심재개발'을 실시하였다. 여기에서 두 번째 배경을 찾을 수 있다.

파리의 도심재개발은 에투알Étoile 광장의 개선문을 중심으로 한 새로운 거리를 조성하면서 시작되었다. '별'이라는 뜻의 에투알 광장에 개선문을 만들고, 이를 구심점으로 삼아 12개의 대로가 방사형으로 뻗어나가도록 계획하고, 그 사이를 연결하는 작은 도로들을 만들었다. 이 시기에 만들어진 12개의 대로를 비스타vista라고 하고, 그 사이를 연결하는 작은 도로를 갤러리galeries, 건물과 건물 사이의 통로를 파사주passage라고 하는데, 특히 개선문을 중심으로 한 비스타는 파리를 더욱 기념비적으로 보이게 하였다. 이렇게 에투알 광장을 중심으로 한 비스타, 갤러리, 파사주의 형성은 시내의 모든 동태를 한눈에 파악할 수 있도록 설계된 것으로 이는 폭동이 일어났을 때 빠르게 달려가 진압할 수 있도록 계획한 장소였다. 이는 폭동이 일어나는 장소 자체를 아예 없애기 위해 도시를 계획한 것으로 볼 수 있다. 다시 말해, 파리의 도심재개발이 가지는 표면적 의미는 프랑스의 국력이 전 세계로 뻗어 나가는 것을 상징화한 것이라고 하지만, 내부적으로는 도시 규모의 판옵티콘으로 간주할 수 있다. 한편 갤러리와 파사주에는 철골로 지붕틀을 만들고, 유리로 천장을 덮은 아케이드arcade를 설치하여 시민들에게 쾌적한 보행 공간을 제공하였는데, 아케이드는 일종의 스트리트 퍼니처Street Furniture로서 제공되었다(그림 5-1). 스트리트 퍼니처는 소득 수준 향상에 따른 시민 복지의 차원에서 이루어지기도 하지만 대개는 정치가가 자신의 이미지를 제고하기 위한 권력의 배려 차원에서 이루어지는 경우가 많다. 스트리트 퍼니처로서의 아케이드가 철과 유리라는 새로운 건축 재료로 설치된 것은 프랑스의 권력을 다시금 상기시켜 주는 역할을 하였다. 당시만 하더라도 철과 유리는 비싼 건축 재료여서 일반적으로 사용하는 재료가 아니었기 때문이다. 나폴레옹 3세는 파리 시내의 거의 모든 갤러리와 파사주를 유리 지붕으로 덮으면서 권력의 볼거리를 제공하였다. 특히 루이 14세가 유소년기를 보낸 공간인 팔레 루아얄 Palais Royal의 중심에 설치된 갤러리 드 부아Galeries de Bois는 파리 최초의 아케이드로 알려져 있다.

파리에서 백화점이 등장한 세 번째 배경으로는 '상업의 활성화와 마가쟁 드 누보테Magasin De Nouveautés의 등장'을 들 수 있다. 앞서 언급했듯이 도심재개발을 통해 형성된 비스타, 갤러리, 파사주와 여기에 설치된 아케이드에는 마가쟁 드 누보테라는 새로운 상점이 들어섰다. 마가

비스타

갤러리

파사주

아케이드

그림 5-1. 파리 에투알 광장 앞의 비스타와 갤러리(상), 파사주와 아케이드(하)

쟁 드 누보테는 '새로운 형태의 상점', 혹은 '새로운 물건을 파는 상점'이라는 뜻으로, 산업혁명 이후 공장의 등장으로 판매와 생산이 분리되면서, 판매만을 전담하는 상점이 탄생한 것을 의미한다. 즉, 중세 시대의 소형 상점이 생산과 판매가 분리되지 않은 워크숍workshop 형태의 직접 만든 한두 가지의 품목만을 취급하는 상인 위주의 물품 판매 장소였다면, 마가쟁 드 누보테는 장갑·모자·양산·구두·향수 등 여러 가지 품목을 취급하는 판매 중심의, 그리고 소비자 위주의 물품 판매 장소로 전환된 것으로 볼 수 있다(표 5-1). 파트리크 쥐스킨트Patrick Süskind의 소설 『향수Das Parfum』1985를 원작으로 한 영화 〈향수 – 어느 살인자의 이야기〉2006를 보면, 냄새에 대해 초자연적인 감각을 지닌 주인공 그르누이가 향수를 제조하는 공간이 그려지는데, 그 형태가 하나의 품목만을 취급하는 중세 소형 상점을 모티브로 삼고 있다. 그러나 그가 처음 마주한 이 작업 공간이 아케이드로 이어지고 있음을 볼 때, 아마도 중세에서 근대로 넘어가는 시기, 즉 워크숍 형태의 소형 상점에서 마가쟁 드 누보테로 이어지는 과정에서의 경관을 묘사한 것이 아닐까 한다(그림 5-2). 여하튼 아케이드의 설치 이후, 파리 시민들은 비가 오나 눈이 오나 바람이 부나 날씨에 구애받지 않고 쉽게 시내를 산책할 수 있게 되었고, 자연스레 아케이드에서의 쇼핑도 즐기게 되었다. 그러다 보니 파리 산책의 의미가 강화되면서 소비를 촉진하기 위한 마가쟁 드 누보테가 더욱 활성화되었다.

표 5-1. 중세의 상점과 근대의 상점

중세의 상점	근대(산업혁명 이후)의 상점
생산과 판매가 분리되지 않은 워크숍 형태	판매 중심의 마가쟁 드 누보테 형태
직접 만드는 한두 가지의 품목만을 취급	여러 가지의 품목(장갑, 모자, 양산, 구두 등의 사치품)을 취급
상인 위주의 물품 판매	소비자 위주의 물품 판매

그림 5-2. 그루누이가 마주한 마가쟁 드 누보테와 아케이드
출처: 영화 〈향수 – 어느 살인자의 이야기〉(2006)

네 번째 등장 배경으로는 '파리 산책'을 들 수 있다. 파리에서의 산책이 갖는 의미는 상점(마가쟁 드 누보테)이 파리 시민의 일상적인 산책을 구매 동선으로 전환시킨 공간이 되었다는 점이다. 다시 말해, 파리에서의 산책은 상류층의 친목 행위, 인맥과 혼맥 확보 및 정보 교류의 차원에서 중요한 의미를 지니는데, 당시 상류층은 가장 좋은 의상을 입고 성당에 나가 예배를 드린 후 샹젤리제 거리와 센강을 천천히 산책하며, 레스토랑에서 식사를 하는 것이 중요한 주말 여가 행태였다(그림 5-3). 이렇게 산책의 의미가 중요해지면서, 마가쟁 드 누보테는 욕망을 자극하는 기제 공간이 되어 당장 물건을 구매할 필요가 없는 손님마저도 상점을 기웃거리다가 자연스럽게 구매하게 되는 쇼핑 장소가 되었다. (그러다 보니 마가쟁 드 누보테에서는 산책을 하다가도 갑자기 필요할 수 있는 장갑, 모자, 양산, 구두 등을 주로 취급하였다.) 따라서 마가쟁 드 누보테는 과거 외상이나 장기 어음을 통한 판매로 자본의 유동성이 낮고, 신용에 의지하여 이용 손님에 제한을 두었던 판매 체계에서 벗어나, 산업혁명의 등장과 이에 따른 다양한 물품의 판매 전략으로 불특정 다수를 고객으로 한 현금 판매와 교환 가능한 판매 체계로 전환

그림 5-3 화가 장베로(Jean Beraud)가 묘사한 19세기 파리지앵의 파리 산책

된 장소로 볼 수 있다. 1830년대에는 파리 전체가 아케이드로 덮이면서 마가쟁 드 누보테도 함께 증가하였다. 그 후 디드로 효과Diderot Effect에 착안하여 여러 개의 마가쟁 드 누보테를 한 건물에 집적시키게 되었는데, 그것이 바로 백화점이다. 디드로 효과란, 친구에게 선물받은 우아하고 멋진 붉은색의 가운 하나가 낡은 가운을 대체하면서 그 옷에 맞게 책상이 바뀌고, 벽걸이가 바뀌고, 결국에는 모든 가구와 인테리어가 붉은색으로 바뀌게 되었다는 디드로의 일화에서 비롯된 말로, 하나의 물건을 사고 나서 그에 어울릴 만한 물건을 계속 구매하며 또 다른 소비로 이어지는 현상을 일컫는 용어이다.

이러한 네 가지 배경을 토대로 1852년에 세계 최초의 백화점인 '르 봉 마르셰Lé Bon Marché 백화점'이 문을 열었다. 그리고 뒤를 이어 1865년에 '오 프랭탕Au Printemps 백화점'이 개장하였다. 봉 마르셰는 '저렴한 가격'이라는 뜻으로, 파리의 상류층이 아닌, 상류층을 모방하고 싶은 중산층을 대상으로 하여 만들어진 시장이라고 볼 수 있고, 봄이라는 뜻을 지닌 프랭탕은 움츠려 있던 겨울을 보내고 찾아온 봄에 활력을 되찾듯이 쇼핑을 되살린다는 의미가 담겨 있다(그림 5-4). 특히 르 봉 마르셰 백화점은 현금 판매, 교환과 환불이 모두 가능한 반품의 인정, 입점의 자유, 정가 명시, 강매 불가, 그리고 박리다매 전략을 강력히 추진함으로써 자본을 빠르게 회전시켜 그에 상응하는 확실한 결과를 얻게 된다. 또한 르 봉 마르셰 백화점의 창시자인 부시코Boucicaut는 고객을 유치하기 위한 공간 전략으로 폐쇄된 공간의 호사스러운 개방성을 중요시하여 화려한 경관을 연출하였다. 이러한 르 봉 마르셰 백화점의 화려한 장식을 통해, 백화점은 자신의 계층이 한 단계 높아진 것처럼 느끼

그림 5-4. 르 봉 마르셰 백화점(좌)과 오 프랭탕 백화점(우)

그림 5-5. 사치품 구입 장소로서의 오 프랭탕 백화점 내부

도록 하여 사치품 구입을 유도하는 장소가 되었으며(그림 5-5), 따라서 백화점은 상거래 공간이라는 옛 개념을 뛰어넘은 새로운 스펙터클 공간이라는 의미를 가지게 되었다. 여기에 편리한 도로의 건설과 그에 따른 접근성의 증가는 백화점을 더욱 대중적인 공간으로 만들어 주었다.

이와 같이 파리에서의 백화점의 등장은 단골과 예약제로 운영되던 고급 상점을 중심으로 한 상거래가 중산층도 자유롭게 즐길 수 있는 일상의 행위로 전환되었다는 공간적 의미를 가진다. 봉 마르셰라는 이름에 걸맞은 박리다매 전략과 상품의 진열을 통한 화려한 경관 연출은 마가쟁 드 누보테를 통한 상류층의 쇼핑이 백화점을 통해 중산층도 쇼핑 문화를 고급스럽게 향유할 수 있도록 하향 전파했다는 공간적 의미를 갖는다. 즉, 르 봉 마르셰 백화점은 상류층만이 향유했던 쇼핑 문화를 중산층에게 전파함으로써 물건을 사는 행위에 대한 의식의 전환을 가능하게 한 공간으로 볼 수 있다. 나아가 백화점은 저렴한 상품을 특권 의식을 불러일으킬 정도로 아름답게 전시·진열함으로써 상류층을 모방하고 싶은 중산층 소비자의 잠재적인 사치와 구매 욕망을 일깨워 필요하지도 않은 물건을 구매하게 만드는 매력적인 장소가 되었다.

르 봉 마르셰 백화점의 등장과 성장은 상류층의 쇼핑 문화를 중산층으로 보편화하고 자본주의를 더욱 확산시켰다는 의미를 지닌다. 그러다 보니 르 봉 마르셰 백화점은 부르주아가 산업사회로 가는 과정에서 그들만의 특권 의식을 버리고 새로운 소비사회에 적응할 수 있도록 장치를 제공하는 장소가 되었으며, 이에 따라 자연스럽게 소비 자본주의를 주도하였다는 점에서 혁신의 장소로서의 의미를 지닌다고 할 수 있다.

현대에 와서도 백화점은 산책의 동선을 마가쟁 드 누보테로 연결시킨 것처럼 건축 구성에 있어서 보행 동선을 길게 만들고 있다. 즉, 미로와 같은 구성을 취함으로써 고객이 계속 백화점 안을 빙빙 돌며 생각하지도 않았던 물건을 구매하도록 유도하는 것이다. 또한 백화점은 항상 현실과 유리된 환상의 공간을 연출한다. 즉, 환상적인 분위기, 스펙터클한 광경과 볼거리를 통해 소비를 조장하고 있는 것이다. 또한 건축 구조상 창문을 달지 않으며, 시계점을 제외한 실내에는 가급적 시계를 걸어 놓지 않는데, 이는 시간을 잊고 쇼핑하도록 유도하는 것이다. 그리고 실내를 배회하다가 배가 고프거나 목이 말라도, 굳이 외부로 나갈 필요가 없도록 실내에 음식점을 둔다.

일반적으로 백화점의 내부 구성을 보면, 1층에는 화장품과 보석, 2층에는 여성복, 3층에는 여성 캐주얼, 4층에는 남성복, 5층에는 아동복과 스포츠 용품, 6층에는 생활 가전제품, 7층에는 가구와 이불 및 카펫 매장으로 구성된다. 이는 평당 매출 이익의 순서에 따른 것으로, 최고 로열층인 1층에는 가장 부피가 작고 값이 비싼 보석과 시계가, 7층에는 가장 부피가 큰 가구와 이불 등이 자리 잡고 있다. 예외적으로 1층에 손수건, 양말, 모자, 스타킹, 스카프, 양산, 장갑 등 상대적으로 저렴한 일용 잡화가 놓여 있는데, 이는 백화점의 전신인 마가쟁 드 누보테에서 취급하던 상품들이기 때문이다. 그 외의 지하나 꼭대기 층에는 주로 식당이 자리하는데, 그 이유는 쇼핑을 마치고 난 후, 식사를 하러 다시 내려오거나 올라올 때 또 다시 윈도쇼핑을 통해 충동 구매를 유도할 수 있기 때문이다. 이를 샤워효과shower effect 혹은 분수효과fountain effect 라고 하는데, 지하에서 식사를 하거나 식품을 사면 분수처럼 위층으로, 꼭대기 층에서 식사를 하면 샤워 물줄기처럼 아래층으로 가면서, 고객 집객 효과를 유도하여 백화점 전체 매출을 상승시키는 효과를 거두도록 하는 것이다. 대부분의 백화점들이 이러한 내부 구성을 취한다.

서울, 일제강점기에 등장한 미쓰코시 백화점 경성점

서울에서 백화점이 등장한 배경으로는 세 가지를 들 수 있다. 첫째, '일제강점기의 산업 성장의 가시적 경관 창출'이다. 우리나라에서 백화점이라고 명명할 수 있는 건축물이 등장한 것은 1930년대이다. 그 이전에는 일본계 백화점의 출장소나 잡화점이 있을 뿐이었다. 1906년 일본의 미쓰이三井 재벌이 경성에 개설한 미쓰코시三越 백화점 출장소를 우리나라 최초의 백화점이라고 주장하는 학자도 있으나, 이는 백화점이라기보다는 수출입상을 겸한 오복점吳腹店이나 잡화점雜貨店에 가깝다. 미쓰코시가 백화점다운 면모를 갖추게 된 것은 1929년 출장소를 지점으로 승격하고, 1930년 지금의 신세계 백화점 본점 자리에 미쓰코시 백화점 경성점이 준공되면서부터이다. 따라서 일반적으로 국내 최초의 근대 백화점이라고 하면 일제강점기의 미쓰코시 백화점 경성점을 일컫는다. 규모로 볼 때 대지 739평, 연건평 2,300평, 종업원 360명으로, 일본 본토를 제외한 조선과 만주 지역 최대의 백화점으로, 당시 미쓰코시 백화점 경성점은 식민지에서 유행하던 진보된 사회의 양식, 곧 네오 르네상스 양식의 혼합물로 지어졌다. 이는 지금의 신세계 백화점 본점의 전신이기도 하다(그림 5-6). 도쿄에 있는 미쓰코시 백화점 니혼바시 본점을 축소해 놓은 것 같은 이 건물이 신세계 백화점으로 명맥이 유지되면서, 아직도 우리나라의 백화점 역사를 견인하고 있다. 한편 도쿄 미쓰코시 백화점 니혼바시 본점의 내부와 1층의 잡화점은 그 역사성으로 인해 지금도 유명한데, 특히 내부의 거대한 규모는 중앙에 놓여 있는 상징물과 함께 압도적이다. 동양에서 최초로 엘리베이터를 설치1914했던 곳이 미쓰코시 백화점 니혼바시 본점이라고 하니, 그 규모를 가늠해 볼 만하다. 또한 백화점의 전신인 프랑스의 마가쟁 드 누보테에서 취급하던 손수건, 스타킹, 모자, 스카프 등의 잡화를 동양에서도 적용해, 백화점 1층에 잡화를 배치한 점도 프랑스에서 이어져 온

그림 5-6. 1930년대 미쓰코시 백화점 경성점(좌)과 현재의 신세계 백화점 본점(우)

그림 5-7. 도쿄의 미쓰코시 백화점 니혼바시 본점 내부

백화점의 역사를 되새겨 보게 한다(그림 5-7).

둘째, '서구적 문화를 표방한 상징적 건축의 구축'을 들 수 있다.

나는 어디로 어디로 들입다 쏘다녔는지 하나도 모른다. 다만 몇 시간 후에 내가 미쓰꼬시 옥상에 있는 것을 깨달았을 때는 거의 대낮이었다. (중략) 나는 또 회탁의 거리를 내려다보았다.

이상, 1936, 『날개』 중에서

四角形의內部의四角形의內部의四角形의內部의四角形의內部의四角形. / 四角이난圓運動의四角이난圓運動의四角의난圓. / (중략) 平行四

邊形對角線方向을推進하는莫大한重量. / (중략) 屋上庭園. 원후를흉
내내이고있는마드무아젤. / 彎曲된直線을直線으로疾走하는落體公式.
/ (중략) 도아-의內部의도아-의內部의鳥籠의內部의카나리야의內部의
감殺門戶의內部의인사. / (중략) 위에서내려오고밑에서올라가고위에서
내려오고밑에서올라간사람은밑에서올라가지아니한위에서내려오지아
니한사람. / (중략) 四角이난케-스가걷기始作이다. (소름끼치는 일이다)
/ (중략) 바깥은雨中. 發光魚類의群集移動.

이상, 1932, 『건축무한육면각체建築無限六面角體-AU MAGASIN DE
NOUVEAUTES』 중에서

　　이상의 소설과 시에는 당시의 미쓰코시 백화점 경성점에 대한 경관
이 남다른 언어 능력으로 묘사되고 있다. 상기된 작품의 내용에서 묘사
되었듯이 미쓰코시 백화점 경성점에는 옥상정원과 엘리베이터가 설치
되어 있었다. 당시 조선총독부, 경성역사, 경성부청사, 조선은행 등에
엘리베이터와 옥상정원이 설치되어 있지 않았음을 비교해 볼 때, 미쓰
코시 경성점은 상당히 파격적인 하이테크 건축이었음을 알 수 있다(그
림 5-8). 특히 옥상정원은 르코르뷔지에가 1920년대에 주장한 근대 건
축의 5원칙(필로티, 옥상정원, 자유로운 평면, 연속적인 수평창, 자유
로운 파사드) 중 하나로, 당시 그가 속한 유럽에서도 공격받을 정도로
파격적인 것이었다.
　　셋째, '일본 상품을 진열할 공간의 필요성'을 들 수 있다. 당시 미쓰코
시 경성점은 백화百貨라는 이름과 어울리게 판매하는 제품이 다양했고
주로 일본 제품을 취급하는 곳이었다. 그러다 보니 백화점은 일본의 대

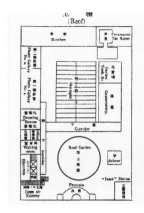

그림 5-8. 미쓰코시 경성점의 설계 도면(옥상정원 포함)과 당시의 옥상정원

중적 기호에 맞추어 적응·변용된 일본화된 문화 상품들이 주류를 이루었다. 여기에 서구적 문화를 들여, 미쓰코시 경성점에서는 철저한 정찰제를 실시하였으며, 반품의 보장, 상품권 발매 등과 같은 근대적인 판매와 서비스 관리 기법을 도입함으로써 유통 체계와 소비문화에 일대 혁신을 일으켰다.

우리나라의 경우 미쓰코시 백화점 경성점을 선두로 하여, 이후 조지야丁子屋, 미나카이三中井, 히로다平田, 화신和信 등의 백화점이 운영되었다(그림 5-9). 특히 화신 백화점은 일제가 세운 미쓰코시 백화점에 대항하기 위해 민족 자본에 의해 세워진 최초의 백화점으로 한국인 건축가 박길룡이 설계하여 1937년 개점하였다. 미쓰코시 백화점보다 늦게 건설된 만큼 더욱 규모가 크고, 화려한 시설을 자랑하였다. 지하 1층에 지상 6층의 규모였으며, 엘리베이터와 에스컬레이터를 동시에 설치하였을 뿐만 아니라, 옥상정원은 물론이고 그 앞에는 전광판을 설치하여 일기예보와 주요 뉴스를 내보내 주기도 하였다. 하지만 신세계 등 재벌

그룹으로 인수된 다른 백화점과는 달리 처음부터 민간 자본으로 세워진 화신 백화점은 해방 후 민간에게 분리·임대되는 방식을 취하게 되었고, 이는 결과적으로 대대적인 리모델링의 불가능 및 건물의 노후화를 불러와 결국 1987년 도심재개발의 일환으로 철거되었다. 지금 그 자리에는 세계적인 건축가 라파엘 비뇰리Rafael Viñoly의 탑 클라우드Top Cloud 공법(건물 최상부의 가운데가 비어 있는 도넛 모양의 타원형 구조물이 하늘 위의 구름처럼 공중에 떠 있는 방식)으로 지어진 종로타워가 서 있다(그림 5-10).

그림 5-9. 조지야 백화점이 전신인 옛 미도파 백화점(좌)과 롯데 영플라자점(우)

그림 5-10. 옛 화신 백화점(좌)과 그 터에 새로 지어진 종로타워(우)

이처럼 우리나라의 백화점 등장 배경에는 일본과의 무역 거래에 정당성을 부여하는 상징적 의미가 내재되어 있다. 또한 역사적 맥락으로 볼 때, 종로나 청계천변 혹은 장터에서 길거리에 좌판을 놓고 판매하는 상대적으로 천하게 여겨지던 상거래가 1930년대 일제강점기를 거치면서 미쓰코시, 조지야, 미나카이, 히로다, 화신 등의 백화점을 통해 최신식으로 설계된 건물 안에서 이루어지는 우아한 쇼핑 행위로 변환된 것으로 볼 수 있다. 당시까지만 해도 조선인들은 자신의 집에서 행상을 통해 물건을 구입하는 상거래 관행에 익숙하였으나 일제강점기 백화점이 등장하면서부터 상류층을 중심으로 새로운 쇼핑 문화를 접하게 되었기 때문이다.

따라서 쇼핑 공간이 백화점을 통해 상류층에서 중산층으로 하향 전파된 프랑스와는 달리, 우리나라의 경우 백화점의 등장은 일본의 소비 자본과 조선인 피식민 대중들 간의 상호작용이 본격적으로 이루어지는 시점을 반영하며, 상거래가 비양반층(하층)에서 지식인을 위시로 한 상류층으로 상향 전파된 장소라는 의미를 가진다.

역사적 맥락을 통해 살펴본 우리나라 백화점의 공간적 의미

이러한 과정을 통해 탄생한 우리나라 근대의 백화점은 공간적 특성에 있어 다음과 같은 경제적·사회적·문화적 의미를 가진다. 첫째, 근대 도시 문물의 체험 장소라는 점이다. 일제강점기 서울에는 네온사인을 통한 야간 경관이 창출되었고, 네온사인으로 치장한 상점의 진열장은 새로운 유행을 전파하는 역할을 하기 시작하였다. 즉, 백화점은 일본 제국의 풍요로움과 선진 문명의 힘을 상징하는 경관으로서, 유행의

선도 역할을 하는 근대적 도시 문물의 체험 장소였다. 다양한 상품이 진열된 백화점은 일상과는 다른 세계로 자리 잡는다. 여기서 언급된 '다른 세계'는 근대적 새로움이었고, '근대적 새로움'은 도시 문물을 체험하는 장소로서의 전형적인 이미지를 구축했음을 시사한다. 그러므로 일제강점기의 백화점은 식민지 조선의 현실과는 괴리된 판타지 세계로서의 이미지를 가진다. 따라서 백화점은 일상과 동떨어진 낯설고 이국적인 이미지의 공간이 되고, 근대적 생활양식을 향유하는 도시 문화의 체험 공간이 된다. 특히 당시 백화점에서나 볼 수 있었던 엘리베이터, 야간 조명, 휴게실, 강의실, 전시실, 레스토랑, 카페, 음악실 등은 단순한 판매 시설 이상의 공공 문화 시설이었으며, 옥상정원은 도시의 경관을 내려다볼 수 있는 전망대이자 도심 속 유원지였다. 소비자본주의적 문화 공간으로서 백화점은 소비자, 특히 조선인들에게는 현실의 박탈감과 무력감으로부터 벗어나 새로운 공간이 주는 환상으로의 일시적 도피, 즉 외래 상품을 통해 문명의 힘을 상상하고 경험하는 공간이었다. 그런 의미에서 식민지 조선에서 백화점이라는 공간은 새롭고 신기한 상품과 첨단 시설이 전시된 장소로서 식민지 현실을 망각할 수 있는 곳이자 근대의 도시 문물을 체험할 수 있는 장소로서의 의미가 있다.

둘째, 우리나라 근대 백화점은 이용 계층의 차별화 장소로서의 의미를 가진다. 일제강점기 서울의 백화점은 에스컬레이터, 엘리베이터, 철, 유리, 냉난방 설비 등을 이용한 새로운 건축 기술적 경관을 통해 일본 제국의 우월함을 과시하는 효과를 발휘하였고, 무엇보다 백화점에 설계된 대형 윈도우와 유리 벽은 개방성의 이상을 상징하는 효과가 있었다. 이러한 백화점의 스펙터클한 경관은 일본 제국과 식민지를 구분하는 근대와 전근대, 문명과 야만의 이분법적 논리를 공간에 적용시켰으며, 이러한 인식은 주로 지식인들을 중심으로 한 상류층을 중심으로 전개되었다. 그러다 보니 백화점은 특권 의식의 발현 장소가 되었다. 백화점의 유행은 일종의 문화적 특권 의식에서부터 시작되었다고 볼 수 있다. 특히 서구 문화가 유행의 주류를 형성하기 시작한 일제강점기 초기에는 서구의 문화를 접하는 것만으로도 문화적 계급화를 이룰 수 있었기 때문에 백화점 공간의 이용은 하나의 계층적 표징으로 인식되었고, 상류층과 지식인을 중심으로 한 서구 문화의 유행 혹은 외양적 현상의 유행으로 자리 잡았다. 이러한 현상은 백화점이 유행을 창출하는 계층이 이용하는 장소로서 차별화가 진행된 공간임을 반영한다. 다시 말해, 고급스러운 공간인 백화점을 이용한다는 것은 상대적으로 상류층이라는 것을 뒷받침해 주기 때문에 유용한 장소로 인식되었다. 또한 백화점은 여성에 있어서도 계층적 차별화를 형성하였다. 물론 백화점은 여성의 사회 진출을 가능하게 한 공간이기도 하지만, 한편으로는 백화점에 종사하는 여성을 상품, 인조인간, 기계에 비유하였고, 이들은 관리직이나 사무직으로 진출할 수 없었으며, 백화점 내에서도 식당, 개인 물품 보관소, 화장실 정도만 이용할 수 있어 이용 공간이 제한되었다. 따라서 백화점은 종사자와 이용자 측면에 있어서 여성의 계급적 차별이 발생하는 공간이었다.

셋째, 우리나라 근대 백화점은 근대 여성의 탈출구이자 해방의 장소였다. 초기 서구의 백화점은 기본적 기능인 소비와 더불어 여성들에게는 남성들의 다운타운 클럽과 같은 사교를 위한 모임 장소의 기능이 더해져 도시의 중심에서 일상적인 장소가 되었다. 이와 달리 우리나라의 초기 백화점은 남성들이 더 많이 드나드는 곳이었고, 앞서 언급했듯이 일제강점기라는 시대적 특성상 일본인과 조선 상류층을 대상으로 한 공간이었다. 현실은 여전히 가부장제와 현모양처 이데올로기가 지배적이었다. 그럼에도 우리나라의 1930년대는 신여성이 센세이션을 일으킨 시대이기도 하다. 쇼핑이라는 문화적 행위는 여성의 외출을 빈번하게 만들었고 정당화시켰다. 집에서만 갇혀 지내던 여성에게 쇼핑은 품위 있는 외출을 가능하게 하는 명분이 되었으며 실제 여가 활동으로서도 기능하였다. 특히 백화점의 등장과 대중화는 여성들이 길거리를 활보할 수 있는 길을 열어 주었기에, 당시의 백화점은 여성들이 드물게 외출하고 여가 활동을 할 수 있는 공적 공간이라는 의미를 가진다.

물론 이러한 흐름에 대해 당시에는 백화점을 '폭로주의暴露主義의 상가街商賈街'라고 칭하며, '철골과 유리로 만들어져 선전宣傳을 위해 상품이 바깥으로 보이게 하고, 쇼걸을 유리 벽 앞에 세우는 곳'으로 백화점을 묘사함으로써 소비하는 여성들과 함께 백화점을 풍자의 대상으로 삼기도 하였다(그림 5-11). 또한 백화점 내부 공간도 지금과는 달리 여성 매장 비율보다 남성 매장 비율이 높았기에, 식민지 근대 여성은 소비의 주체가 되기가 어려웠고, 가정 외부에서 노동의 주체가 되기도 어려웠다. 그럼에도 불구하고 백화점은 식민지 근대 여성이 근대적인 문물을 경험하고 전통적인 성 역할에서 탈피할 수 있는 해방구로서의 역할을 하였다. 즉, 백화점은 상품을 사는 여성이든 상품을 파는 여성이든 여성을 외부 공간으로 이끌어 냄으로써 공적 공간의 역할을 하였고, 성실, 근면, 절약, 금욕이라는 전통적인 여성상이 금기시하는 소비와 욕망을 표출하는 공간이 될 수 있었다. 따라서 백화점은 근대적인 편견

그림 5-11. 일제강점기, 『조선일보』에 연재된 안석주의 '만문만화(漫文漫畫)'를 통해 본 백화점과 근대 여성

속에서 여성의 근대적인 욕망을 드러낼 수 있는 해방의 장소였다.

　넷째, 우리나라 근대 백화점은 서구 양식을 통한 대중의 교육 계몽
장소로서의 의미를 가진다. 당시 서구 문화와 문명을 추종하던 일본은
서구의 주요 건물에 사용된 역사적인 건축양식과 장식을 모방하여, 백
화점을 이국적이고도 고급스러운 장소로 만들었다. 이러한 양상은 식
민지 조선의 백화점 설계에도 적용되었는데, 1930년대 모더니즘 경향
이 나타났음에도, 유독 백화점만은 네오 르네상스 양식의 절충주의가
대세였다. 미쓰코시 백화점 경성점뿐만 아니라 화신 백화점 역시 르네
상스 양식을 모방한 것으로, 당시 백화점 건축은 서양풍 신고전주의 양
식으로 짓는 설계 관행이 있었음을 알 수 있다. 건축뿐만 아니라 백화
점에 진열된 상품도 대부분 일본에서 수입한 것이거나 조선에 있는 일
본 기업이 만든 조선제 일본 상품이었다. 매장 구성도 일본 백화점을
따랐다. 식민지에서 그것은 단순히 소비 패턴이나 기호의 변화로 그치
는 것이 아니라, 백화점의 상품과 소비를 통하여 근대주의나 식민주의
를 일상 속에서 자연스럽게 습득하도록 만드는 장소의 역할을 하였음
을 의미한다. 즉, 식민지 조선인이 일본의 백화점 문화와 일본 상품에
적응할수록 그만큼 일본인의 구매 동기와 구매 행동, 생활양식, 소비문

화를 닮아 갈 수 있도록 계몽 교육의 공간으로 삼았음을 알 수 있다. 따라서 조선인들은 백화점이라는 공간을 통하여 근대와 서구 문명을 인식하게 되었다. 문명화된 일본인들의 공간인 백화점은 '문명인' 혹은 '일본인'을 연출할 수 있는 공간이 되었다. 그러면서 과거의 상행위는 천한 것이자 낡은 습관에 젖어 과학적 경영 방법이 무엇인지 모르는 후진적인 형태로 인식하게 되었고, 반면 백화점에서의 상거래는 새로운 시대의 요구에 부응하는 것으로 받아들이게 되었다. 이에 따라 백화점은 일본에 의해 문명으로 나아갈 수 있는 선진 공간으로 자연스럽게 훈육되는 장소로서의 의미를 지니게 되었다. 또한 백화점의 각종 상품과 가격 정보는 신문 광고, 전단, 팸플릿, 수첩, 가계부, 카탈로그 등을 통해 근대적인 생활양식을 제안하는 교육적 장치로 활용되어 백화점은 대중을 계몽하고 선도하는 역할을 하는 장소가 되었다.

마지막으로, 우리나라의 백화점은 민족주의 마케팅 장소이자 민족주의 담론의 형성 공간이었다. 1930년대 서울의 상권은 민족별로 일본인의 남촌과 조선인의 북촌으로 분할되어 있었다. 남촌 상권의 중심에는 미쓰코시를 비롯한 조지야, 미나카이, 히로다 등의 일본계 백화점이 있었고, 북촌에는 동아 백화점과 화신 백화점이 있었는데, 동아 백화점을 인수한 화신 백화점의 주요 마케팅 전략이 바로 '민족주의'였다.

일본 제국주의의 본거지인 남촌의 상권을 이용하지 않으려면 북촌의 상권을 이용해야 한다는 민족주의 논리를 접목시켰고, 이는 점차 개발과 소외를 가르는 자본주의 경계로 변화되었다. 화신 백화점을 개설한 박흥식은 화신이 국내 유일의 민족 백화점임을 내세워 화신의 성패는 민족적 명예 소관이라고 주장하며, 화신이 잘되고 못되는 것은 곧 조선

사람이 장사를 잘하고 못하는 것을 실제로 증명하는 시금석이고, 화신은 박흥식 개인의 화신이 아니라 조선의 화신이라고 강조하였다. 언론도 박흥식의 민족주의를 응원하였으며, 화신은 종로의 번영을 대표하고, 종로의 번영은 조선 상업계의 발전이라는 민족적 대표성을 갖게 되었다. 빨간색 네온의 꽃 모양 마크, 에스컬레이터와 엘리베이터, 그리고 커다란 전광판은 일본계 백화점과 견줄 만한 큰 규모로서 특별하고 경이로운 경관으로 여겨졌으며, 특히 전광판의 경우 신문 가판도 없던 당시에 토막 뉴스를 전달받을 수 있는 정보와 소통의 장으로서 민족적 자부심의 상징적 장소이기도 하였다.

그러나 화신이 민족 백화점을 자처했음에도 내부 공간이나 층별 매장 구성은 일본계 백화점과 별다른 차별성이 없었다. 오히려 한국과 일본의 양식을 모두 갖춘 식당과 소극장은 민족주의와 친일이 화신의 발전을 위한 동반자적 전략으로서의 성향이 컸다고 볼 수 있다. 그 결과, 박흥식은 민족 대중의 배신자이자 적대자로 평가받고 있는데, 그럼에도 불구하고 조선인들이 민족주의적 성향을 띤 화신 백화점을 두둔할 수밖에 없었던 이유는 일본인이 진을 치고 있는 남촌 상가의 구역이 점차 조선인 상점의 집합처인 북촌으로 확대되고, 이에 따라 조선인들의 상점은 동대문, 서대문으로 밀리며 줄어 가는 절망적인 상황이었기 때문이다. 역으로 북촌의 조선인들이 제국의 문물을 체험하기 위해서는 필연적으로 남촌을 방문해야만 하였다.

이렇게 공간적으로 체감할 수 없는 민족주의 마케팅과 혼란한 역사적 맥락 속에서 화신 백화점은 민족주의 담론의 현장이 되었다. 민족을 대표하는 자본이라기보다는 민족을 활용한 자본이었던 화신 백화점은 친일로 전향한 박흥식의 민족주의 마케팅 전략을 활용한 대자본가의 계급적 이해가 반영된 공간이자, 민족 백화점을 내세워 조선의 상권을 지키고 실력 양성을 꿈 꾸었던 지식인들의 심리적 위안이 내재된 공간이었다. 더 나아가 남촌과 북촌을 망라한 백화점이라는 공간은 민족을 초월하여 소비자로서 근대적 소비문화에 열광했던 조선인 대중의 욕망적 담론의 공간이라고 할 수 있을 것이다.

결론적으로, 이러한 역사적 맥락에서 파악할 수 있는 우리나라의 백화점은 파리의 백화점처럼 그 공간적 의미가 자연스럽게 진행된 것이 아니라, 일제강점기라는 역사성과 식민지로서의 특수성이 결합하여 발달한 것으로 파악할 수 있다. 우리나라의 경우, 백화점의 등장 배경과 성장 과정이 보편적으로 이루어지지 못해 아쉽지만, 그럼에도 불구하고 백화점 공간이 가진 의미를 새겨볼 수 있다는 점에서 단순한 소비 공간으로서가 아닌 역사적·문화적 소비 공간으로 바라볼 수 있기를 기대한다.

2. 우리나라 서민들의 대표적인 소비문화 공간, 동대문시장

경제학에서는 유사한 업종의 상점들이 함께 모여 있는 이유를 집적 경제agglomeration economics로 설명한다. 집적 경제란, 기업 내지 상점들이 서로 인접한 거리에 입지함으로써 얻게 되는 이익을 말한다. 집적 이익으로는 크게 국지화 경제localization economy와 도시화 경제urbanization economics, 그리고 장소마케팅place marketing을 통한 이익을 들 수 있다. 먼저, 국지화 경제는 같은 업종의 업체들 간에 이루어지는 원자재 공동 구매,

제품 공동 판매, 광범위한 정보 교환 등으로부터 얻는 이익을 말한다. 동대문시장과 남대문시장의 의류업체, 종로의 귀금속 상가, 파주의 인쇄출판단지, 방배동이나 사당동의 가구거리 등이 여기에 해당된다. 두 번째로, 도시화 경제는 다른 업종이라도 함께 모여 있음으로 인해 발생하는 이익을 말한다. 의류 상점 가까이에 식당이나 극장, 비디오방 같은 여가·휴식 공간이 있어 소비자들이 다목적 이용을 할 수 있는 기반을 제공하는 것, 즉 같은 공간에 있는 기반 시설을 함께 공유하며 도시가 주는 혜택을 누리는 것이 여기에 해당한다. 마지막으로, 장소마케팅을 통해 그 장소가 가진 이미지를 어필함으로써 집적 이익을 얻을 수 있다.

이러한 세 가지 측면의 집적 이익을 고루 향유할 수 있고, 또한 서민들의 소비문화 공간으로서 급부상한 곳이 있다. 바로 동대문시장이다(그림 5-12). 국내 최초의 근대 시장으로 출발한 동대문시장은 열악한 환경의 봉제 공장으로, 국내 최대의 도매시장으로, 그리고 소매 쇼핑몰

그림 5-12. 동대문시장 입구의 흥인지문

을 내세운 패스트패션의 메카로 성장해 왔다. 2014년에는 동대문운동장 자리에 동대문디자인플라자DDP가 개관하였다. 건축에만 4,840여억 원이 투입된 이 건물은 현재 동대문시장을 대표하는 상징물이 되었다. 이 거대한 상징적 경관 속에서 지금의 동대문시장은 과연 어떤 모습이며, 어떠한 의미를 지니고 있을까?

동대문시장의 역사

동대문시장은 조선 초, 사대문 안 거주자들을 위한 장이 생겨난 것이 시초이다. 광복 이전 동대문시장은 종로4가 일대의 배오개시장을 가리켰다. 일제강점기에는 일본 상인 자본에 대항하여 배오개 거상 박승직(현 두산그룹 창시자)이 종로와 동대문 일대 상인들을 모아 국내 최초의 주식회사인 광장주식회사를 설립하면서부터 '광장시장'을 중심으로 발전하였다. 1930년대 동대문 상권은 야시장이 열릴 정도로 활성화되었다. 6·25전쟁 이후에는 청계천변을 따라 다닥다닥 판잣집이 들어섰고, 거기에 실향민들이 세운 '평화시장'으로 다시 도약의 기회를 가졌다(그림 5-13). 그런데 1959년 평화시장에 점포 130여 개를 태운 큰불이 났고, 그 자리에 1962년 새로 들어선 상가가 지금의 평화시장이다. 평화시장 2, 3층에 주요 봉제 공장이 빽빽하게 들어서면서, 전국의 옷 상인이 동대문으로 몰렸고, 수요를 대기 위해 정신없이 재봉틀이 돌아갔다. 하지만 부작용도 만만치 않았다. 재봉틀이 바쁘게 돌아갈수록 이곳에서 일하는 노동자들은 열악한 노동 현실에 그대로 노출될 수밖에 없었다. 평화시장의 봉제 노동자였던 청년 전태일은 이러한 노동 처우를 개선하기 위해 노력했으나 안타깝게도 결국 분신자살하였다. 그렇지만 그의 희생은 노동 운동 발전과 근로 환경 개선에 중요한 계기가 되었다(그림 5-14).

1970년 12월에 문을 연 원단·부자재 상가 동대문종합시장은 동대문시장이 생산·판매 시스템을 갖추는 계기가 되었다. 원단부터 봉제·판매가 반경 5km 안에서 해결되는 동대문식 생산 시스템이 완성된 것이다.

이후, 1990년대로 오면서 동대문시장은 품질의 고급화, 운영 시간의 유연화, 일반 소비자를 대상으로 한 다량 소매 판매 등의 방식을 채택하여 남대문시장과 차별화된 발전을 하게 되었다. 이 시기, 동대문시장 동부에 들어선 아트프라자는 동대문시장 최초의 현대식 상가였다. 아트프라자는 지방 상인들을 버스로 실어 나르고, 종전 새벽 3시였던 도

그림 5-13. 광장시장(좌)과 평화시장(우)

그림 5-14. 동대문시장 아케이드에 놓인 전태일 동상

매시장 개장 시간을 자정으로 앞당기는 등 파격적인 전략으로 승승장구하였다. 아트프라자의 성공으로 그 일대에는 디자이너클럽, 우노꼬레, 팀204, 거평프레야 등의 현대식 상가가 빠르게 들어섰다. 이들은 모두 도매 상가를 표방했지만 밀리오레의 충격 이후 일부는 소매 상가로 성격을 바꾸게 된다.

1990년대 말, 외환 위기 한복판에서 들어선 밀리오레는 동대문시장 서부에 소매 상권이라는 새 시장을 열었다. 영업 시간을 파괴하고 야외 공연 등 색다른 마케팅으로 개장 6개월 만에 인지도가 80%에 이를 정도로 명성을 얻었다. 이듬해 바로 옆에 두산타워가 문을 열면서 동대문시장은 최대 도매 시장에서 10~20대 소비자들이 즐겨 찾는 소매 시장으로 급부상하였다. 밀리오레와 두산타워의 부상으로 동대문시장의

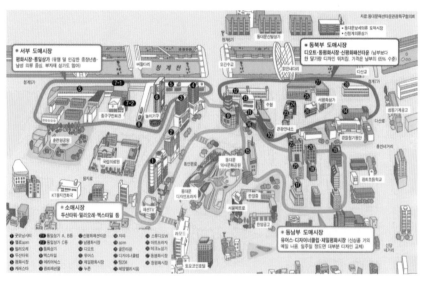

그림 5-15. 동대문시장의 서부와 동부
출처: 동대문패션타운관광특구협의회

소매 쇼핑몰은 헬로apM과 굿모닝시티, 라모도, 패션TV 등 30여 개로 늘어났다(그림 5-15).

하지만 2000년대에 들어서면서 쇼핑몰이 과잉 공급되었다는 지적이 본격화되었다. 소비자 수요는 물론 상인에 비해서도 지나치게 많은 쇼핑몰이 들어섰다는 것이다. 이미 다수의 쇼핑몰이 폐업한 가운데 2014년, 동대문디자인플라자가 들어섰다.

동대문디자인플라자의 등장

세계 디자인 메카를 꿈꾸며 4,800여 억 원의 세금을 투입하여 지은 건축물이 있다. 바로 동대문디자인플라자DDP: Dongdaemun Design Plaza, Dream Design Play이다. 그만큼 공공의 이익에 부합하고 시민들이 공유하는 공간이 되어야 하는 숙제를 안고 있는 이곳은 2014년 3월 21일 개관하였다. 복합 문화 공간으로 설립된 DDP의 위치는 서울 성곽의 600년 역사가 있고, 동대문운동장의 문화적 다양성이 있고, 100여 년이 넘는 동대문 상권의 굵직한 흐름 속에 들어서 있다.

언뜻 보기에도 범상치 않은 DDP의 설계는 건축계의 노벨상 격인 프리츠커상을 여성 최초로 받은 건축가 자하 하디드Zaha Hadid가 맡았고, 시공은 삼성물산이 진행하였다. 자하 하디드는 이른 새벽부터 밤늦게까지 쉴 새 없이 변화하는 동대문의 역동성에 주목하여 마치 물이 굽이치는 듯한 모습을 건축물에 녹여 냈다고 밝혔다. 그래서 각이 없는 유선적 흐름을 강조하였다. 한편으로는 마치 우주선과도 같은 외관으로 인해, '불시착한 우주선', '해괴한 비행선'이라는 별명도 가지고 있다. DDP에는 동대문역사문화공원을 포함해 디자인 장터, 전시장 등 15개의 시설을 갖추고 있으며, 독특한 형태의 계단이 특징인 디자인 둘레길도 있다. 내부 역시 현대적인 건축 경향을 반영하여 실내 기둥을 최소화하였다. 요약하자면 DDP는 직선이 없는 건축이자 기둥 없이 설계되어 초경간을 시도한 건축물이라고 할 수 있다(그림 5-16).

DDP는 총 6만 2,692m², 연면적 8만 6,574m²에 지하 3층, 지상 4층 높이(29m)의 규모로, 세계 최대 규모의 3차원 비정형 건축물로 알려져 있다. 전체 면적이 축구장의 3.1배에 달하는 외관은 알루미늄 패널로 이루어져 있는데, 이들 패널(총 4만 5,133개)은 같은 모양이 하나도 없다. 노출 콘크리트 방식 역시 첨단 특수 공법 및 설계 기법이 사용된 국내의 우수한 기술력으로 만들어졌다. 이러한 측면에서 건축가들은 국내에서는 경험하기 힘든 파격적이고 독특한 건축물로 평가하고 있다.

하지만 동대문의 역사를 담아 내지 못했고, 주변 건물들과의 조화가 잘 이루어지지 않는다는 비판을 받고 있기도 하다. 그렇기에 성패의 관건은 이 건축물의 프로그램을 '얼마나 알차게 운영하느냐'일 것이다. 아직까지도 동대문시장에는 쇼핑 외에 먹을거리, 즐길거리가 없다고

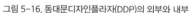
그림 5-16. 동대문디자인플라자(DDP)의 외부와 내부

인식하는 상황에서, DDP가 동대문을 대표할 만한 공공 건축물로서 기능을 하기 위해서는 여유 있게 쇼핑을 하고 즐길 수 있는 공연과 전시를 위한 문화적 환경을 더욱 구축해 나가야 할 것이다.

동대문시장의 특징

여기서는 동대문시장의 특징에 대해 앞서 언급한 집적 이익의 세 가지 측면, 즉 국지화 경제, 도시화 경제, 장소마케팅과 접목하여 이야기해 보려고 한다.

먼저 국지화 경제의 측면에서 살펴보면, 동대문시장은 디자인·생산·유통의 기능이 함께 모여 있어 시너지 효과를 내고 있다는 점에서 집적 이익이 나타나는 공간이다. 무엇보다 디자인 부문의 경우, 국내외 교육 기관에서 공부한 디자이너들이 이 지역의 디자인을 주도하면서 일부는 창업 공간으로 재탄생하는 계기가 되었다(그림 5-17). 생산 부문에 있어서는 디자이너들 스스로 제품을 개발하거나 혹은 해외에

그림 5-17. 동대문시장의 디자이너 숍

서 발표한 제품을 시차 없이 우리 실정에 맞게 고쳐 내놓음으로써 유연하게 대처하고 있다. 유통 부문에 있어서도 마찬가지로 유연하게 적용되고 있는데, 새로운 디자인 제품은 숙련된 생산 과정을 거쳐 매장으로 보내지고, 소비자들의 반응을 살핀 다음 이를 다시 생산 과정에 반영하고 있다. 이러한 유통 과정을 통해 생산의 양이 결정되고, 디자인이 수정되기도 한다. 이뿐만 아니라 업체 간 연결성도 뛰어나 네트워크도 잘 발달되어 있다.

두 번째로, 도시화 경제의 측면에서 본다면, 동대문시장은 소비자들의 다양한 취향을 읽어 내어 여러 가지 다른 업종들을 집적시킴으로써 문화·공연을 위한 공간을 마련하고, 개성 있고 화려한 야경을 창출하여 시간의 제한을 두지 않는 다목적 이용을 가능하게 해 준다. 그럼으로써 도시가 주는 혜택을 누릴 수 있는 공간을 만들고 있다(그림 5-18).

마지막으로, 장소마케팅 측면에서 살펴보면, 동대문시장은 현재 각 대형 매장과 시장상인회의 홈페이지를 통해 각종 광고와 홍보 전략을 잘 구사하고 있는 곳이다. 그리고 많은 사람들에게 의류 쇼핑을 위해 다양한 브랜드가 입점한 백화점에서 제품을 구매할 것이 아니라면 '동대문시장으로 가자!'라는 이미지가 형성되었다. 이러한 장소마케팅 전략은 외국인 관광객들에게도 잘 전파되어, 특히 중국 관광객들은 서울을 방문할 때 가장 많이 찾는 곳 2위로 동대문시장을 꼽고 있다고 하니, 동대문시장의 장소마케팅 전략은 대체적으로 성공적이라고 볼 수 있을 것이다(그림 5-19). .

따라서 이러한 집적 이익을 고루 향유하고 있는 동대문시장은 현대

그림 5-18. 두산타워 야경과 야외공연

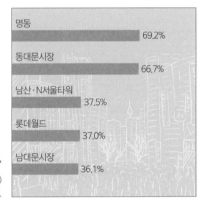

명동 69.2%

동대문시장 66.7%

남산·N서울타워 37.5%

롯데월드 37.0%

남대문시장 36.1%

그림 5-19. 서울을 방문한 중국 관광객의 주요 방문 지역*
출처: 문화체육관광부(2012)
*중복 응답으로 합이 100%를 초과함.

적인 의미에서 봤을 때 지식 기반 산업의 집적지라고 할 수 있다. 비록 IT 제품은 아니지만, 혁신을 만드는 환경이나 운영 형태, 그리고 소비자의 반응에 즉각적으로 대응할 수 있다는 점에서 나름 성공적인 산업 지구적 특성을 지닌다고 볼 수 있다. 하지만 동대문시장이 이러한 집적 이익을 계속 유지하기 위해서는 남은 과제가 많다. 특히 중국산이나 글로벌 패스트패션 브랜드와의 생산성 경쟁에 어떻게 대처해야 하는가의 문제는 숙제이다. 불과 10여 년 전만 하더라도 동대문시장에 유통되는 옷은 창신동과 신당동 일대의 봉제 공장에서 만들어진 국산이 대부분이었다. 그러나 최근에는 동대문 상품의 40% 정도가 중국산으로 추산된다. 중국의 봉제 기술이 동대문을 바짝 추격해 오고 있는 만큼 우리는 상품에 대한 기획과 디자인의 측면에서 더욱 확실한 차별화를 둘필요가 있다. 다행히 한류로 인해 우리나라 패션에 대한 관심이 높아당분간은 중국과 동남아시아 일대로의 수출 수요가 있기는 하겠지만, 여기에 안주해서는 안 될 것으로 보인다. 또한 동대문디자인플라자의 개관을 계기로 동대문 일대가 차별화된 문화 공간으로 입지를 굳히는 것도 필요해 보인다.

사회구조적 불평등의 공간

1. 영화를 통해 살펴보는 세계의 경제지리 구조

제4장에서도 잠깐 언급했지만, 세계의 경제지리 구조는 크게 핵심 국가와 주변 국가로 나뉜다. 핵심 국가(지역)란 교역을 주도하고 대부분의 첨단 기술을 보유·통제함으로써 탄탄한 경제력으로 높은 생산성을 도출하는 지역으로 서유럽, 북미, 일본 등과 같은 선진국이 해당한다. 이들 핵심 지역의 도시 변화를 유발하는 주요 요인들은 탈산업화, 정보 통신 기술의 지속적인 발달, 다국적 기업의 지배력 증가 등이다. 이러한 요인들은 핵심 지역의 대도시를 근본적으로 재구조화하고 있다. 즉, 전통적인 제조업과 연관된 활동들은 도시 중심부 외곽으로 이전하고 있으며, 도시 중심부에는 주로 노인, 저소득층 등 사회적 소외계층이 거주함으로써 도심 지역의 경제적 쇠퇴, 재정난 등을 유발하고 있다.

가장 먼저 산업화가 시작된 영국의 경우 이러한 현상이 두드러지는데, 뮤지컬로도 제작된 영화 〈빌리 엘리어트〉2000나 〈풀몬티〉1997는 이러한 상황을 잘 보여 준다(그림 6-1). 〈빌리 엘리어트〉는 영국 역사상 가장 긴 파업으로 기록된 1984~1985년의 광부 대파업을 배경으로 하고 있는데, 그 중심지는 영화 속 배경인 더럼Durham을 포함한 영국 북부의 광산지대이다. 이 당시 대처 정부는 국영기업의 민영화와 구조 조정을 강력하게 추진하고, 특히 석탄 산업 합리화 정책을 실시하여 탄광을 폐쇄하고 인력을 감축하였는데 〈빌리 엘리어트〉는 이러한 상황을 배경으로 한다. 내용상으로는 가난한 광부의 아들이었던 빌리가 열악한 탄광촌의 현실을 딛고 발레리노로 성공하는 모습을 그리고 있다. 〈풀

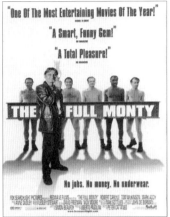

그림 6-1. 영화 〈빌리 엘리어트〉(2000)와 〈풀몬티〉(1997)

몬티〉역시 같은 선상에서 바라볼 수 있는 작품으로, 영화의 배경은 철강도시로 이름을 날렸던 영국 남부 요크셔의 산업도시인 셰필드Sheffield이다. 1980년대 초 대처 총리가 집권하던 시절에 현대화와 완강한 구조 조정으로 제철소가 문을 닫으면서 해고당한 사람들이 생계를 위해 스트립쇼를 벌이는 과정을 유쾌하면서도 눈물겨운 모습으로 그렸다. 이처럼 핵심 지역에서는 도시 중심부의 지역사회가 황폐화되는 동시에 중심업무지구CBD: Central Business District의 재개발로 인해 새로운 상업 활동이 군집하여 발생하고 있다.

이러한 경제 재구조화에 따른 도시 공간의 변화는 도시의 사회문화적 변화를 수반한다. 도시민들의 소득 수준 향상으로 인해 도시는 이들의 다양한 생활양식에 부응하기 위하여 지속적으로 재구조화되는 것이다. 그러나 이러한 도시 생활의 풍요로움은 한편으로는 사회적 극화, 소득의 불평등, 민족 및 인종에 따른 분화 등의 사회 문제를 유발하기도 한다. 따라서 도시는 더욱 심화되고 분화된 사회문화적 분리의 모자이크로 재구조화되고, 이러한 과정에서 상이한 주민 집단들은 나름대로의 독립된 행정 단위의 주거지를 형성하기도 한다. 이러한 사회문화적 재구조화 현상과 도심 지역의 경제적 쇠퇴로 중심 도시들은 거리, 도로, 학교, 공원 등 도시의 필수적인 기반 시설들을 운영하기 위한 재정마저도 부족한 상황에 놓이기도 한다.

　반면, 주변 국가(지역)란 종속적이고 불리한 교역의 형태를 유지하고, 낙후된 기술력과 비전문화된 경제력으로 낮은 생산성을 도출하는 지역으로, 아프리카, 동남아시아 및 중남미의 일부 국가가 여기에 해당한다. 핵심 지역과는 달리 주변 지역의 도시 변화를 유발하는 주요 요인은 인구 증가이다. 주변 지역의 인구 요인들은 과도시화over-urbaniza-tion를 유발하는데, 과도시화란 도시가 제공할 수 있는 일자리 및 주택에 비하여 인구가 너무 급속하게 증가하는 현상을 말한다. 과도시화가 발생하면, 도시는 토지 불법 점유자로 인해 슬럼화 현상이 가속화되고, 노점상·매춘·마약 등과 같은 지하경제, 즉 비시장 경제informal economic sector가 증가한다. 결국 급증하는 인구를 적절히 수용할 수 있는 능력이 전제되지 않은 주변 국가들의 과도시화는 많은 사회 문제를 유발하며 도시 성장을 저해한다. 무엇보다 도시의 과밀화는 실업과 저임금에 따른 빈곤으로 주거지의 슬럼화로 이어지고 있다(그림 6-2). 영화 〈시티 오브 갓〉2005은 1970년대 브라질 리우데자네이루Rio de Janeiro의 빈민촌인 '시티 오브 갓city of god(직역하면 신의 도시라는 뜻이지만 이는 반어적인 의미이다. 오히려 신이 버린 도시라는 의미를 갖는다.)'을 배경으로 하는데, 이곳은 토지 불법 점유자들의 슬럼으로 마약과 총, 그리고

그림 6-2. 거대한 슬럼. 필리핀 마닐라(좌)와 인도 뭄바이의 다라비(우)

그림 6-3. 영화 〈시티 오브 갓〉(2005)

약탈이 일상인 곳이다. 실제로 이 작품은 실화를 바탕으로 하고 있을 뿐만 아니라 촬영도 해당 지역에서 이루어져, 과도시화로 인한 주변 국가의 사회 문제를 사실적으로 보여 주고 있다(그림 6-3).

이런 슬럼 문제를 해결하기 위하여 정부·관리가 주로 사용하고 있는 방법은 슬럼 지역의 무허가 주택을 철거한 후 재개발 하는 것인데, 우리나라 역시 1966년 이후 무허가 주택 철거에 의한 재개발 정책을 시행한 바 있다. 특히 88 서울올림픽을 준비하는 과정에서 약 75만 명의 주민들이 주택 철거로 집을 잃었다. 이러한 시대적 배경을 담은 영화가 있는데, 바로 〈홀리데이〉2006이다. 이 작품은 1988년 일어난 탈주범 지강헌 사건을 바탕으로 한다. 영화는 인질극 자체를 주로 다루고 있지만, 그 이전에 주인공이 왜 사회에 대한 반감을 가지게 되었는가, 그리고 왜 죄수가 되었는가에 대해서도 주목한다. 즉, 당시의 사회적 배경에서 정부가 행한 강압적인 주택 철거를 재조명하면서 이것이 결국 한 사람의 인생을 바꾼 여러 요소 중 중요한 하나라고 해석한다. 그리고 사회에 대한 그의 분노는 그가 인질극 과정에서 외쳤다는 '유전무죄 무전유죄有錢無罪 無錢有罪'의 씁쓸한 메아리로 마무리되면서 관객들에게 긴 여운을 남긴다(그림 6-4).

대부분의 경우 슬럼을 철거하더라도, 철거민들은 또 다른 지역에 무허가 주택을 지어 새로운 슬럼을 형성한다. 그러므로 정부·관리가 행하는 철거 정책은 큰 효과를 거두기 어렵다. 따라서 주변 국가의 정부는 슬럼을 강제로 철거하기보다는 슬럼도 거주 형태의 하나로 인정하

그림 6-4. 영화 〈홀리데이〉(2006)

고, 가능하다면 지역주민들 스스로의 노력으로 점진적으로 주거 환경을 개선할 수 있도록 유도해야 할 것으로 보인다.

2. 도시구조적 문제, 영토성·군집·분리

프랑스 영화 〈증오〉1995는 파리 외곽의 빈민가를 가리키는 방리외 Banlieue에 사는 세 청년, 즉 유대인 빈츠, 아랍인 사이드, 흑인 위베르의 24시간을 흑백의 건조한 시선으로 담고 있다(그림 6-5). 과거 프랑스 식민지의 국민이었던 아프리카 사하라 이북의 아랍인들과 이남의 흑인들은 그들의 값싼 노동력을 제공하기 위해 프랑스로 대거 이주해 왔고, 프랑스 정부는 사실상 이들을 격리 수용하기 위해 파리 외곽의 방리외에 대규모 주거 시설을 조성하였다. 애초에 조성 목적부터가 인종 차별과 소외 계층의 불만으로 가득 찰 수밖에 없었던 이곳에서 이들 세 청년은 증오를 이야기한다. 하지만 무력한 그들은 그저 할 일 없이 거

그림 6-5. 영화 〈증오〉(1995)(좌)와 영화의 배경이 된 방리외(우)

리를 쏘다닐 뿐이고, 딱히 잘못한 것이 없어도 그림자처럼 따라붙는 경찰에 의해 결국 연행되어 폭행을 당하게 된다. 그때 흘러나오는 곡은 아이러니하게도 에디트 피아프Edith Piaf의 샹송, 「Non, Je Ne Regrette Rien(아니오, 난 아무것도 후회하지 않아요)」이다. 프랑스의 우아한 멋이 느껴지는 이 곡과 어울리지 않는 극 속의 상황이 대조되면서, 차별과 편견 속에 놓인 청년들의 몸부림은 다가올 비극적 결말을 예고한다.

〈증오〉에서 묘사된 파리의 방리외처럼 도시는 사회구조적 공간을 형성한다. 그리고 이들 도시구조적 문제는 영토성territoriality, 군집congregation, 분리segregation라는 용어로 보다 구체화할 수 있다.

영토성

영토성은 지리적 영토나 공간에 대해 개인이나 집단이 지니고 있는 독점적 태도나 성향을 의미한다. 소유 내지 독점은 자연적으로 습득하거나 합법적으로 구입하거나 불법적으로 강점할 수도 있다. 일반적으로 자신의 공간이나 영토라고 간주한 곳에 대해서는 타인의 침입으로부터 방어하려는 경향이 있다. 따라서 영토성은 집단의 멤버십과 정체성을 설정하고 보존하려는 수단을 제공한다. 즉, 집단의 정체성을 형성하기 위해 배타적이고 인습적으로 '타자'를 정하여 이들을 제한하고자 하는 성향을 지니는 것이다. 미국에서 흔히 볼 수 있는 백인 거주지와 흑인 거주지, 그리고 영화 〈증오〉의 배경지인 파리 외곽의 방리외, 더 작게는 각 대학들의 동문회관 등은 영토성을 가지는 예라고 볼 수 있을 것이다(그림 6-6).

그림 6-6. 디트로이트를 도시와 주변, 백인과 흑인, 부유층과 빈곤층으로 나누는 8마일 로드

군집과 분리

군집은 특정 집단의 사람들이 무리를 이루어 특정 영역에 거주하여 모여 있는 현상을 말한다. 군집을 통해 특정 집단에 속한 사람들은 그들의 집단적 정체성을 공고히 하려는 성향을 지닌다. 따라서 군집은 기본적으로 장소 만들기의 행위가 될 수 있으며, 도시 구조와 토지이용 형성의 중요한 기초가 된다.

특히 인종, 언어, 종교, 국적, 계급, 성, 생활양식 등에 있어 일반적인 인구 집단에 비하여 상이하게 비추어지거나 그들 스스로가 상이하다고 여기는 하부 인구 집단, 즉 소수 집단은 군집의 경향이 두드러진다. 왜냐하면 소수 집단은 군집을 통해 첫째, 그들의 문화를 보존할 수 있고, 둘째, 구성원 간 갈등을 최소화할 수 있으며, 셋째, 외부인에 대해 방어할 수 있을 뿐만 아니라, 넷째, 소수 집단들의 기구나 사업, 사회적 네트워크, 사회복지 기관 등을 통해 상호 부양의 기회를 제공받을 수 있으며, 다섯째, 주류 사회에 대응하는 힘의 기반을 얻을 수 있기 때문이다.

때때로 주류 사회는 소수 집단에 대한 차별을 형성한다. 사회적 적대감을 가지고 아예 주류 사회의 영역에 들어오지 못하도록 막는 태도를 보이기도 하는데, 이러한 모습은 가장 일반화된 차별의 형태이다.

분리는 주류 인구 집단으로부터 특정한 소수 인구 집단이 공간적으로 구분되는 현상을 말한다. 분리는 군집과 차별의 효과가 동시에 작용하여 발생하므로, 결국 군집과 분리는 서로 다른 용어로 표기되지만 의미상 같은 공간을 지칭한다. 즉, 소수 집단끼리는 군집하는 공간, 주류 사회의 입장에서는 분리되는 공간이므로, 결국 한 공간에 두 가지 의미가 동시에 내포된 것으로 이해할 수 있다. 예를 들면, 방리외는 소수민족끼리는 군집하는 반면, 주류 사회로부터는 분리되는 공간인 것이다. 그리고 거기에는 차별의 효과가 깊이 자리한다. 마찬가지로 서울 종로나 호주 시드니 옥스퍼드 거리에 모여 있는 게이바들은 성적 소수자들의 입장에서는 군집한 공간으로, 주류의 인구 집단으로부터는 분리된 공간으로 바라볼 수 있을 것이다(그림 6-7).

군집과 분리의 형태와 정도는 매우 다양하게 나타난다. 이러한 군집과 분리가 나타나는 공간들은 세계 곳곳, 그리고 우리나라 곳곳에서 심심치 않게 찾아볼 수 있다. 신·구교도 간의 갈등 지역으로 유명한 영국 북아일랜드(신교)의 벨파스트는 아일랜드(구교) 영토 속에서 그들끼리는 군집이, 아일랜드의 입장에서는 분리가 이루어진 곳이다. 또한 미국 내 코리아타운도 군집과 분리가 적용되는 공간이다(그림 6-8). 한편 우리나라에서 군집과 분리가 나타나는 지역으로는 이주 노동자들로

그림 6-7. 서울 종로의 게이바(좌)와 호주 시드니 옥스퍼드 거리의 게이바(우)

그림 6-8. 북아일랜드의 벨파스트 신교도 지역(좌)과 미국 뉴욕의 코리아타운(우)

그림 6-9. 서울 가리봉동 옌벤타운(좌)과 안산시 원곡동 국경 없는 마을(우)

구성된 서울 가리봉동의 옌벤타운, 안산시 원곡동의 국경 없는 마을 등
이 대표적이다(그림 6-9).

3. 사회구조적 소외 계층의 공간, 집창촌

공간을 바라보는 두 가지 시각이 있다. 하나는 '공간 통합론'이고, 또 다른 하나는 '공간 분절론'이다. 공간 통합론은 공간을 유기적 통합체로 보는 관점으로, 공간은 유연하게 활동하고 기능하는 전일적인 기관이라는 것이다. 그런 의미에서 지역과 도시, 즉 공간은 이동과 순환을 통해 발전한다는 점을 강조한다. 일종의 공간 순환설로서 공간은 지속적으로 성장하고 발달해 나간다는 것이다. 그에 반해 공간 분절론은 공간의 통합보다는 차별과 모순에 보다 관심을 가지는 구조론적 관점으로, 공간이 유기적 통합체라는 의미를 거부하고, 공간의 분절적인 접합에 주목하고 있다.

그런 의미에서 집창촌을 바라보는 시각은 대체적으로 공간 분절론을 취한다. '유곽의 클러스터'로도 표현되는 집창촌은 도시라는 공간 속에서 의식의 언어로 번역되거나 변환될 수 없는, 순전히 투명할 수만은 없는 공간으로 간주된다. 그래서 혹자는 이곳을 근육 경직처럼 심하게 수축되기에 가끔 발작을 일으키는 도시의 정신 분열 및 노이로제와 같은 공간이라고도 이야기한다.

도시 속 어딘가에 집창촌이 있다는 것은 지리적 사실이지만 우리는 그것이 이곳을 이해하는 데 일절 필요없다고 간주해 온 지 이미 오래이다. 성 지리학sexuality geography은 사회구조적 입장에서 집창촌이나 게이 공동체 등이 겪는 배제와 흡수, 그리고 분할과 통합의 메커니즘을 연구하는 분야이다. 이 분야에서는 인간의 몸을 어떻게 관리하고, 지배하고, 통제할 것인가에 대해 두 가지의 견해를 제시한다. 첫째는 성을 다른 공간에 흡수하는 것으로 보는 견해이다. 쉼 없이 성을 과학적 담론의 대상으로 만드는 노력을 아끼지 않음으로써 결국 성에 관한 사회적 편재가 이루어졌고, 그에 따라 공간적 편재가 이루어졌다는 견해이다. 예를 들면, 부부 침실의 설계, 결혼식과 영세를 위한 교회의 건축, 성 상담을 위해 고안된 별도의 방, 출산 및 생식과 관련된 클리닉의 조성 등은 이러한 관점에서 만들어진 공간이라는 것이다. 이렇게 성을 부부의 성, 결혼의 성, 생산과 출산의 성으로 제한하는 근대 이성주의의 성heterosexism은 의학과 정신병리학 등의 출현으로 성을 좀 더 과학화할 수 있었고, 이는 공간의 배열에도 영향을 주었다는 관점이다. 둘째는 성의 공간적 전환으로도 어쩔 수 없는 성의 넘침과 균열의 존재성을 인식하는 것으로 보는 견해이다. 다시 말해, 성을 다른 공간에 흡수하여 성의 과학화, 이성적 담론으로의 해석, 가족 및 가구를 위시한 다른 사회 기관으로의 공간적 전환만으로는 해결할 수 없는, 인간의 본능적 성욕에 대한 과도한 열정과 그로 인한 균열이 존재한다는 것을 인식해야 한다는 것이다. 이것이 도시라는 육체의 노이로제이고, 그것이 공간화된 것이 집창촌이라는 관점이다.

사회구조적으로 소외된 집창촌은 분명 실존하는 공간이지만 비사실적 사실, 비경제적 경제라는 범위에 포함되고 있다. 특히 접대비는 이러한 정의를 사실이나 사실일 수 없게 만든다. 이것을 완벽히 인식하여 지식으로 전환시킬 장치가 없다 보니, 집창촌은 실증적 도시 공간이라기보다는 이미지적 도시 공간으로 여겨진다. 매춘 골목의 방과 네온사인, 그리고 서성거림에 대한 기술일 뿐, 그 공간의 비물리적 공간성에 대해서는 일언반구 꺼내기가 어렵다. 그러다 보니 집창촌은 어떤 공간

성도 갖지 않는 백색 공간(아이와 노인이 없는)으로서 표상된다. 이러한 이유로 집창촌은 대체로 문학에서 그 자리를 배정받았다. 하지만 미학적인 사유의 침침한 불빛 속에서 이미지로 도시를 읽어야 한다면, 아마도 그곳은 바로 집창촌이 아닐까 한다. 도시라는 이성적 담론 경계 너머의 노이로제로 증후처럼 존재하고 있으니 말이다.

우리나라의 집창촌은 2004년 9월 23일 성매매 특별법이 시행된 이후 점차 줄어들고 있기는 하다. 성매매 특별법이란 「성매매 알선 등 행위의 처벌에 관한 법률」과 「성매매 방지 및 피해자 보호 등에 관한 법률」을 말하는데, 성매매, 성매매 알선 등 행위 및 성매매 목적의 인신매매를 근절하고, 성매매 피해자의 인권을 보호함을 목적으로 한다. 현재 우리나라와 더불어 중국, 러시아 등의 국가는 성매매를 범죄로 규정하기 때문에 성 구매자와 성매매 알선업자, 성 판매자 모두 처벌 대상이지만, 여전히 사창私娼의 형태로 일부 남아 있다(그림 6-10). 부분적으로 성매매를 금지하는 나라도 있는데, 스웨덴, 핀란드, 노르웨이 등 북유럽 일부 국가들은 성 구매자만 처벌하고 있다. 반면, 성적 자기결정권을 폭넓게 인정해 국가가 성매매를 합법화하여 규제하거나 아예 처벌하지 않는 경우도 있다. 독일, 네덜란드, 호주, 터키는 공창公娼 형태로 운영되고 있다. 개인적으로 독일의 거대한 성 산업 규모에 놀랐던 기억, 그리고 터키의 공창 입구에서 길게 줄을 서서 순서를 기다리는 남성들이 경찰의 검열을 받은 후에야 본격적으로 입장 가능한 모습은 충격으로 다가왔던 기억이 있다(그림 6-11). 이들 국가는 성매매를 성인들 간의 자유로운 성 거래로 보고, 성 노동을 직업의 하나로 인정할 뿐만 아니라, 성매매 종사자에게 세금을 걷으며, 정기적으로 의료 검진

그림 6-10. 우리나라의 집창촌

그림 6-11. 거대한 규모의 독일의 집창촌(좌)과 터키의 집창촌(우)

을 받도록 하고, 성매매가 가능한 지역을 제한하는 등의 정책을 실시하고 있다.

이렇게 각국의 정책에서도 집창촌을 다루는 입장이 다르듯, 집창촌의 유지에 대해서도 여전히 찬반론이 끊이지 않는다. 무엇보다 집창촌 유지를 찬성하는 이들은 인류 역사와 함께해 온 직업을 무슨 수로 막느냐며 고개를 젓는다. 하물며 공간 분절론적 입장에서조차도 집창촌은 위생적인 진료와 처치, 즉 계획과 장비만으로는 쉽게 근절되지 않을 공간으로 보고 있다. 왜냐하면 이는 다른 형태의 공간적 신경증의 증후로 재발병할 것으로 보기 때문이다. 오히려 집창촌은 도시의 불평등한 구조 속에서 더 강력한 처방을 유인하고, 자신의 불멸성을 비추며, 더 많은 곳에 자리 잡거나 혹은 자신이 없던 곳에서조차 출몰할 것이라고 전망한다. 그럼에도 불구하고, 필자는 이렇게 생각한다. 인류 역사와 함께 해 온 탈세를 어떤 법으로도 막을 수 없으니 그냥 인정하자는 사람이 없듯이, 성매매도 마찬가지라고 생각한다. 성매매와 집창촌은 빈곤과 차별의 고리 안에 묶여 있다. 성매매는 물론 장기, 혈액, 난자 매매가 불법인 것은 인간의 존엄성을 해치기 때문이다.

집창촌은 분명 이성적 담론 경계 너머에 현존하는 공간이다. 하지만 도시구조적 차원에서 어쩔 수 없이 공존하는 불평등한 공간으로 내버려 둘 것이 아니라 인간의 존엄성 차원에서 보다 깊이 있게 논의할 필요가 있는 공간이다. 칸트Kant는 "인간은 타인의 이익을 위한 성적 만족 대상으로 자기 몸을 쓸 권한이 없다."고 말했다. 자신의 몸이라 할지라도 자기 마음대로 할 수 없는 것, 이것이 바로 인간의 존엄성이 아닐까 한다. 내내 햇빛이 들지 않는 그 공간에서 앎과 체험이라는 나름의 명분을 씌워 성의 울혈을 풀어 내야만 할 것인가는 아마도 인간에게 주어진 숙제일 것이다.

Chapter 7

추억과 일상의 공간

1. 추억의 공간, 벼룩시장

추억한다는 것, 그리고 향수를 느낀다는 것은 과거 한 시점의 경험을 기억해 내어 그것을 현재의 시점에서 다시 느끼고 재해석하는 것이다. 즉, 추억의 공간을 통해 우리는 과거와 현재를 연결하는 것뿐만 아니라 현재 일상을 살아가는 우리 자신을 정의하는 것이기도 하다. 그런 의미에서 과거에 대한 추억이나 향수는 우리의 인생에서 다시금 정체성을 확인시켜 주고, 정서적 안정을 유지시켜 주는 역할을 한다.

추억이 가시화된 대표적인 공간으로 '벼룩시장flea market'을 떠올려 본다. 일반적으로 벼룩시장은 시간이 천천히 가는 공간, 세월이 멈춘 공간, 시대를 거스르는 공간 등으로 표현되며, 이러한 특징들은 우리에게 여유와 휴식의 감정을 느끼게 해 준다. 무엇보다도 벼룩시장은 일상과 과거의 흔적들이 끊임없이 교감하는 가운데, 새로운 문화적·사회적 공간을 창출해 가고 있다. 물론 벼룩시장은 상품화의 공간, 새로운 문화 자본의 재생산의 공간, 자본에 의한 공간의 재구조화 및 전략화의 공간이라는 비판에서 자유로울 수 없지만, 그럼에도 불구하고 벼룩시장이 현재라는 일상 경관 속에서 추억을 꺼내어 새로운 일상성을 형성하게 해 주고 있기에 이 공간을 면밀히 들여다보고자 한다.

파리의 벼룩시장

파리는 도시 이미지를 극대화하는 데 있어서 장소마케팅을 가장 효과적으로 성공시킨 도시 중 하나로 일컬어진다. 이는 프랑스를 찾는 외국인 관광객의 80% 이상이 적어도 한 번 이상은 파리에 머문다는 사실에서 확인된다. 이처럼 역사적·문화적 인프라가 축적된 파리는 그들만이 가지는 독특한 문화 공간을 형성하며, 우리는 파리라는 공간이 가지는 의미와 기능 등을 분석함으로써 이 도시의 고유성을 읽을 수 있다. 파리는 대표적인 상징물인 에펠탑, 개선문, 센강과 다리, 박물관, 전시회 등 전통적인 관광 자원 외에도 수많은 거리 이벤트와 문화 행사가 있다. 이러한 요소는 파리라는 도시의 매력을 한층 배가시키는 요인으로 작용한다. 그중에서도 파리의 벼룩시장은 유명한 거리 이벤트이다.

역사적으로 볼 때, 파리 벼룩시장이 실질적인 형태를 갖추게 된 것은 1885년으로, 무허가 시장에서 비롯되었다. 프랑스어로 벼룩시장은 '마르셰 오 퓌스marché aux puces'라고 하는데, 여기서 마르셰marché는 '시장', 퓌스puce는 '벼룩'을 뜻한다. 파리에서는 시에서 일정한 자리를 할당받은 '정규 벼룩'과 '무허가 벼룩'이 한쪽 귀퉁이에서 각자의 물건을 내놓고 팔았는데, 경찰이 단속을 나오면 반대편으로 가서 감쪽같이 없어졌다가 경찰이 가면 다시 원래의 자리로 돌아오는 무허가 벼룩의 모습이 마치 벼룩이 뛰는 것 같다고 해서 생긴 이름이다. 또 다른 설로, 벼룩이 들끓을 정도로 고물을 취급하는 시장이라는 의미에서 벼룩시장이라 불렸다고도 한다. 퓌스는 벼룩이라는 뜻 외에도 '암갈색'이라는 의미도 갖고 있어서, 암갈색의 오래된 가구나 골동품을 파는 데에서 마르셰 오 퓌스라고 부르게 되었다는 설도 있다.

이처럼 파리의 벼룩시장은 서민들을 중심으로 한 노점상 문화가 정착되면서 역사적 의미와 함께 향수를 느낄 수 있는 문화 공간으로 발전해 왔다. 그래서 파리의 벼룩시장은 화려하며 웅장하고 섬세한, 즉 전면부에 나와 있는 파리의 전형적인 관광 자원과는 차별화된, 좀 더 지역 구조 내면에 존재하는 이색적인 공간이라고 할 수 있다. 그런 의미에서 파리의 벼룩시장은 일상생활의 연장이자 방문객의 특성화가 나름대로 형성된 소박한 현실의 경제 공간이라는 점을 시사한다. 그래서 관광지화된 곳이기도 하다. 하지만 파리 시민의 입장에서 벼룩시장은 관광객의 시선 틈으로 자신들의 문화와 자유를 즐기는 장이 되고 있다 (그림 7-1, 7-2).

따라서 파리의 벼룩시장은 일상 속의 이합집산적인 서민들의 경제

그림 7-1. 파리 XIV구의 벼룩시장

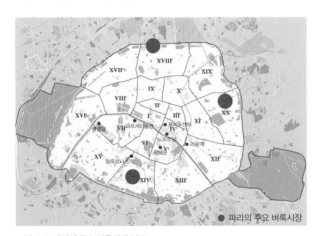

그림 7-2. 파리의 주요 벼룩시장 분포
* 지도 내 I~XX은 파리 시내 행정구를 의미한다.

공간이자 재활용의 터전이다. 즉, 관광의 속성을 가진 문화 공간이자 지속성을 내재한 살아 있는 공간으로서 다중적이고 차별화된 연계 공간이 되고 있다. 한편 벼룩시장은 도시 전면부의 합법적인 기존 질서와 도시 후면부의 언더그라운드 문화가 묘한 하모니를 이루면서 공존하는·특수성을 가지기도 한다. 다시 말해, 우연과 필연이 교차하는 공간이자 일상과 과거의 흔적들이 끊임없는 교감을 가지며, 파리의 새로운 문화 공간으로서의 역동성을 지니고 있는 것이다.

최근에는 벼룩시장을 중심으로 거리 공연 문화가 접목이 되면서 종합 문화 거리로 자리 잡아 가는 경우도 많다. 이러한 요인으로 인해 세계 각국 도시의 벼룩시장들도 명소가 되어 가고 있다.

서울 황학동 벼룩시장과 동묘 벼룩시장

청계천 일대에 걸쳐 있던 황학동 벼룩시장은 1950년 6·25전쟁 직후, 도시 빈민들이 생계 유지를 위해 청계천을 중심으로 판자촌을 형성하고 고물을 모아 팔면서 시작되었다. 그러나 1960년대 청계천 복개 공사와 함께 판자촌이 강제 철거되면서 노점상들은 삶의 터전을 잃고 뿔뿔이 흩어지게 되었다. 이후 고물상을 하던 사람들이 전국을 돌며 고서나 고가구 등을 수집해 오기 시작하면서 1970년대 황학동 벼룩시장에는 민속 골동품점들이 다시 늘어나기 시작하였다. 그리고 당시 정부에서도 이 지역을 골동품 전문 상가 지역으로 정식 허가를 내주면서 골동품 전문 시장으로 불리게 되었다. 당시 골동품을 판매하는 점포 수가 200여 개, 전국에서 물건을 수집해 오는 중간 상인만 200~300명에 이를 정도로 규모가 컸으며, 이에 따라 각계각층의 다양한 사람들이 시장을 찾아왔다. 하지만 1980년대 후반, 86 아시안게임과 88 서울올림픽을 개최하면서 정부는 황학동 골동품점들을 대부분 장안평으로 이주시켰고, 결국 황학동 골동품점들은 장안평을 비롯, 이태원이나 인사동 등으로 흩어지게 되었다. 이후 민속 골동품점들이 있던 자리에 중고 전자 제품점과 기계 수리점 등이 들어서면서 황학동 시장은 주로 중고품을 싸게 파는 시장으로 변모하였다.

그러다가 1999년 외환 위기 이후, 황학동 시장에는 다시 노점상들이 급격히 증가하였다. 청계천 7가와 8가 구간을 거의 차지하다시피 한 노점상들은 황학동 시장의 도로변을 가득 메우게 되었고, 사람들은 중고 전자 제품을 싸게 구입하거나 향수 어린 마음으로 옛것을 찾아 황학동 벼룩시장을 찾았다. 이곳을 찾은 사람들은 청계천로를 따라 형성된 노점상의 물건들을 보다 쉽게 접하게 되었고, 이에 따라 황학동 벼룩시장의 핵심은 점포가 아닌 노점이라고 인식하기 시작하였다.

2000년대에 들어 또다시 외부 요인으로 황학동 벼룩시장은 대대적인 변화를 마주한다. 서울시가 2003년 청계천 복원 공사 계획을 발표하고 노점상 단속에 들어간 것이다. 당장 철거에 들어간 노점상들은 거세게 반발하였으나, 우리나라 도시 빈민의 삶의 터전이자 가난한 서민들이 필요한 물품을 살 수 있는 곳이었던 시장은 결국 강제로 철거되었다. 그 사이 서울시와 노점상 간의 대립이 격화되면서, 서울시는 철거 예정이었던 동대문운동장을 벼룩시장으로 임시 이용할 수 있도록 하였다. 약 1,500명의 노점상인들 중 노점상연합에 가입된 900여 명의 노점상인들이 동대문운동장으로 들어가게 되었고, 당시 이곳을 동대문풍물시장이라고 부르며 한시적으로 이용한 바 있다(그림 7-3). 이후 동대문운동장마저 철거되어 서울시는 옛 숭인여중 부지를 이들에게 내주었고 이들 중 일부는 이주하여 현재 서울풍물시장(동대문구 신설동)에서 장사를 하고 있다(그림 7-4). 그러나 이 과정에서 노점상인 상당수가 흩어졌으며 이 중 일부는 동묘역 부근에 형성된 시장으로 모여들면서 현재 황학동 벼룩시장과 동묘 벼룩시장으로 이어지고 있다.

이와 같이 우리나라의 역사적 맥락과 함께하는 황학동 벼룩시장과 동묘 벼룩시장은 여타 평범한 중고품 시장이나 벼룩시장으로 치부될 수 있는 공간이 아니다. 우리나라의 산업화 및 근대화 과정 속에서, 특

그림 7-3. 옛 동대문풍물시장

그림 7-4. 서울풍물시장

히 청계천 복개 및 복원 공사로 철거와 이주를 반복하는 굴곡진 역사 속에서 황학동 벼룩시장과 동묘 벼룩시장은 도시 정책의 명암을 오롯이 담고 있기 때문이다. 예전에는 이들 벼룩시장이 단지 중년과 노년 세대가 소일거리로 방문하는 장소로 인식되었으나, 최근 TV를 비롯한 대중매체에서 황학동 벼룩시장과 동묘 벼룩시장을 조명하는 프로그램들이 방영되면서 젊은 세대의 새로운 쇼핑지로 떠올랐다. 여기에는 우리 사회에 불어온 복고 열풍도 한몫 한 것으로 보인다. 그런 의미에서 황학동 벼룩시장과 동묘 벼룩시장은 이른바 빈티지 트렌드vintage trend를 저격하는 공간이다. 여기에서 빈티지란 숙성된 포도주처럼 깊은 맛과 편안한 느낌을 준다는 뜻으로 일반적으로 중고품을 의미한다. 도스형 컴퓨터, 게임팩, 장난감, 군것질거리, 워크맨, 비디오테이프, 휴대전화, LP, 인형 등의 빈티지 물품들은 과거와 현재를 이어 주는 매개체 역할을 하며 각자의 영역에서 추억과 향수라는 공통점을 이끌어 낸다(그림 7-5). 결국 황학동 벼룩시장과 동묘 벼룩시장은 세대를 막론하고 물건을 통해 과거를 소환하면서 그리움과 즐거움의 복합적 정서를 경험하는 공간이 되고 있는 것이다.

그림 7-5. 향수를 불러일으키는 황학동 벼룩시장의 물건들

한편 황학동 벼룩시장과 동묘 벼룩시장을 향한 젊은 세대의 관심은 불안한 현실을 반영한다는 측면에서 재고의 여지가 있다. 즉, 젊은 세대들은 자신들이 직면한 불안한 현실처럼 위협적이지 않고 편안했던 과거를 돌아볼 수 있는 곳으로서 황학동 벼룩시장과 동묘 벼룩시장을 경험한다는 것이다. 그들은 이곳에서 과거의 추억과 관련된 물건을 소비하는 과정을 통해 위안을 얻고 탈출을 경험한다고 말한다. 그런 의미에서 황학동 벼룩시장과 동묘 벼룩시장은 현재의 삶에서의 휴식, 대리만족, 중간 정리와 같은 기능을 하고 있다. 또한 일반 시장이나 백화점 등 현대화된 시장에서 경험하는 서비스, 예를 들면 지나친 친절이나 호객 행위 등에 싫증이나 부담을 느낀 사람들이 오히려 벼룩시장에서 심리적 편안함을 느낄 수 있다는 점도 간과할 수 없는 매력 요인이다(그림 7-6). 특히 백화점에서의 쇼핑은 그 자체만으로 시대의 흐름에 따라가야 한다는 부담감을 줄 수 있는데, 상대적으로 벼룩시장은 이러한 부담감에서 벗어날 수 있다는 점에서 보다 자유롭다.

어디 그뿐인가? 호기심을 가지고 색다름을 추구하는 탐험가로서의 소비자를 허용해 주기 때문에 그저 돌아다니는 것 자체에서 의미를 발견할 수도 있다. 넓게 보면 자아찾기와 보물찾기가 모두 가능한 공간이라고 해야 할까? 아무튼 마구잡이로 쌓여 있는 물건들, 갈 때마다 바뀌는 물건들, 허를 찌르는 물건들 틈에서 사냥하기hunting와 정찰하기scouting의 즐거움을 만끽할 수 있는 것이다.

그림 7-6. 동묘 벼룩시장의 배려

잊지 말아야 할 것이 하나 더 있다. 황학동 벼룩시장과 동묘 벼룩시장은 전형적인 소량 다품종 시장이라는 점이다. 그럼에도 불구하고 저렴한 가격이 갖는 경쟁력은 현대화된 시장과 다른 모습으로 희소성이라는 새로운 가치를 발견하게 한다.

2. 일상의 공간, 재래시장과 아파트

프랑스의 철학자 르페브르Lefèbvre는 "공간은 현실의 일상적인 공간이며, 우리에게 끊임없는 이미지를 제공하고 있다."라며 현대 도시 공간의 일상성과 문화를 피력하였다. 현대 도시가 갖는 일상적 경관은 우리가 일상생활, 즉 일상적인 삶을 영위하는 과정에서 창조되며 우리의 인식, 가치, 그리고 행태 등을 반영한다. 그중 현대를 살아가는 도시민들의 삶 속에서 재래시장과 아파트는 가장 대표적인 일상적 공간이라고 말할 수 있을 것이다.

서촌 통인시장과 노량진 수산시장

서민들의 일상적 삶을 가장 현장감 있게 보여 주는 공간으로 재래시장을 들 수 있다. 재래시장은 있을 재 '在', 올 래 '來'를 써서, '예전부터 있던 상품을 사고파는 시장'이라는 뜻을 가진다. 그래서 백화점, 대형 할인점 등에 상대하여 이르는 말이기도 하다. 남대문시장이나 노량진 수산시장과 같이 특화된 품목을 취급하는 대형 시장도 있지만, 흔히 재래시장은 찬거리를 비롯한 일상 잡화를 취급하는 동네의 작은 골목 시장을 가리킨다. 대체적으로 재래시장에서 파는 물건은 가격이 싼

편이고, 비교적 근거리에 있어 접근성이 좋아 소비자가 일괄 구매one-stop shopping할 수 있는 장점이 있다. 하지만 시설이 노후하고, 주차가 불편하여 대형 유통 시설과의 경쟁에서 불리한 점이 있어서, 고객 창출에 한계가 있다. 그래서 현재 재래시장은 흥망의 기로에 놓여 있는 곳이 많다. 그럼에도 불구하고 재래시장은 여전히 우리의 일상 속에 건재하고 있다.

서울시 종로구 통인동, 요즘 서촌이라는 이름으로 뜨고 있는 이곳에 굽이굽이 작은 골목들과 연결되어 있는 시장이 하나 있다. 바로 통인시장이다. 이곳에서는 특별할 것 없는 일상적인 동네 재래시장의 풍경이 펼쳐진다. 과일, 야채, 고기, 떡, 옷, 가방 등이 시장 거리에 펼쳐져 있다. 여기에 평범한 우리네 어머니들의 일상이 중간중간 이어지는 골목길과 함께 고스란히 전해지는 곳이다. 시장과 자연스레 연결되는 골목은 너무나도 일상적이어서 더 정겹다(그림 7-7).

그리고 이러한 과거의 정서를 이용하여 이벤트성으로 진행하는 통인시장만의 엽전 거래 방식은 젊은 사람들에게도 즐거움을 선사한다. 시장 안에 마련된 고객만족센터 옆 안내소에 5,000원을 내면 10개의 엽전 뭉치를 주는데, 이것으로 시장 안의 다양한 먹을거리(떡볶이, 순대, 튀김, 김밥, 전 등)를 제공된 도시락 안에 넣어 원하는 자리에 앉아 추억과 일상을 교차하며 맛있는 한 끼를 먹을 수 있다(그림 7-8). 한편으로는 이 자그마한 재래시장 안에 고객만족센터라니, 조금은 의아하기도 하지만 대형 유통 시설에 뒤처지지 않으려는 작은 상권의 노력으로 본다면 그리 이해가 되지 않는 것도 아니다.

통인시장에서 엽전을 이용한 한 끼를 든든히 해결하고 나서, 혹시나

그림 7-7. 통인시장, 그리고 이와 연결된 골목의 일상적 풍경

그림 7-8. 통인시장의 고객만족센터(좌)와 엽전 뭉치(우)

시간이 된다면 근처의 골목을 거닐어 보는 것을 추천한다. 서촌에 아직 남아 있는 오래된 중국집, 이발소, 책방 등의 일상적 경관은 정감 어린 우리의 기억을 회상시켜 주기에 충분할 테니 말이다(그림 7-9).

한편 서울시 동작구 노량진동에는 우리나라 최대의 수산물 전문 도매 시장이 위치한다. 바로 노량진 수산시장이다(그림 7-10). 이 시장은

그림 7-9. 서촌의 일상적 경관

1927년 우리나라 최초로 서울역 근처 서대문구 의주로에 경성수산시장(주)이라는 명칭하에 경성부 수산물 중앙도매시장으로 개장되었다. 광복 이후 1947년 서울수산시장(주)으로 명칭을 변경하여 서울특별시 수산물 도매시장 대행 기관으로 영업을 해 오다가 서울의 광역화와 인구 팽창 등으로 1971년 정부 재투자 기관인 한국냉장(주)에서 아시아개발은행(ADB) 차관으로 지금의 위치에 도매시장을 건설하였다. 도매시장의 건설과 함께 1975년 의주로 시장은 폐쇄되고 동시에 노량진 수산시장으로 상권이 이전되었다. 1976년부터 2002년까지 민간 3개사(서울수산청과시장(주), 노량진수산(주), 삼호물산(주))의 공동 관리하에 있다가 2002년 2월부터 수산업협동조합(이하 수협)이 시장을 인수하였다.

서울에 소재한 법정 도매시장의 총거래량 중 약 40%가 노량진 수산시장에서 거래되며, 유사 시장을 포함하면 약 30%가 이곳과 연관되어 거래된다. 거래되는 수산물의 주요 반입처는 부산, 마산, 통영, 삼천포, 목포, 속초, 군산, 포항, 대천, 제주, 인천 등 전국의 어항이 포함되는데,

전국 어디를 가더라도 노량진 수산시장만큼 신선한 생선을 먹을 수 있는 곳은 없다는 말이 있을 정도이다. 시장에서의 거래는 경매로 이루어지는데, 특히 고급 어종의 경매가 활발하다. 새벽 2시부터 5시까지 패류·선어류·냉동어류·활어류 순으로 경매가 진행되고, 경매가 끝나면 하루 종일 일반 소비자도 직접 생선을 구매할 수 있기 때문에 도매 및 소매 시장으로서의 역할을 동시에 수행하고 있다. 이렇듯 노량진 수산시장이 가지는 '날 것'의 이미지, 그리고 '생동감'의 이미지는 서민들의 삶을 보다 역동적으로 보여 주는 요소로 작용한다.

그런데 2016년 3월, 이곳에 현대화된 건물이 새로 들어섰다(그림 7-11). 원래의 계획대로라면 기존에 이용되던 노후화된 노량진 수산시장 대신 모두 새 건물로 이동해서 운영되어야 했지만, 2018년 현재에도 여전히 그 계획은 이루어지지 않고 있다. 수협은 구시장을 완전히 폐쇄하고 상인들을 신시장 1층과 2층으로 나누어 이사하도록 할 계획을 밝혔으나, 일부 상인들은 배정된 장소가 협소하고 2층의 경우 소비자의 접근성도 떨어진다며 반발하고 있는 상황이다. 구시장에 대한 강제 철거도 거론되고 있는 현 시점에서 더 큰 사고가 발생할 수 있다는 우려도 크다(그림 7-12). 전통적인 역사와 서민들의 역동적 삶을 의미하는 노량진 수산시장의 위기는 그래서 더 서럽다. 재래시장의 위축과 쇼핑 공간의 현대화라는 두 가지 상충된 문제 사이에서 애초에 이 공간을 사용해 오던, 그리고 사용해야 할 사람들의 목소리가 배려되지 않았음에 현실적인 갈등과 고민은 깊어만 간다.

그림 7-10. 구 노량진 수산시장(2011년)

그림 7-11. 신 노량진 수산시장(2018년)

그림 7-12. 구시장과 신시장의 대립과 갈등

일상적 거주의 공간, 아파트

1972년 7월 15일, '프루잇 이고Pruitt-Igoe'라는 2,870가구의 주거단지가 미국 세인트루이스시 정부에 의해 폭파되었다(그림 7-13). 이곳은 1954년 세인트루이스시가 대규모 공공 주택단지 프로젝트를 발표하면서 시작되었는데, 착수 전부터 이미 여러 건축 매체가 최고의 아파트가될 것이라고 칭송하던 곳이었다.

프루잇 이고는 뉴욕 맨해튼의 세계무역센터를 디자인한 건축가 미노루 야마사키ミノル·ヤマサキ가 야심차게 기획한 모더니즘 도시 재건축 프로젝트로, 당시 세계 건축계를 이끈 르코르뷔지에와 근대건축국제회의CIAM: Congrès Internationaux d'Architecture Moderne가 주창한 신도시 마스터플랜master plan 강령을 충실히 따른 미래 도시의 모범으로까지 불렸던 주거단지이다. 23만 여m²의 땅 위에 11층 33개 동의 아파트를 균일하게 배치하였고, 흑인과 백인 주거지를 구분하였다. 이처럼 공간을 기능과 효율로 재단하고 분류하여 모더니즘의 최정상이자 주택단지 설계의 새로운 장을 열었다는 평가를 받았다. 더욱이 사회학자와 심리학자의 자문을 받아 가며 설계한 이 단지는 미국건축가협회의 상을 받으며 그 화려한 역사를 시작하였다.

그러나 프루잇 이고는 얼마 지나지 않아 천편일률적 공간이 갖는 무미건조함으로 인해 그 속의 공공 공간이 무법 지대로 변하면서 각종 폭력과 마약, 강간, 살인 등의 흉악 범죄가 창궐하게 되었다. 더욱이 계급으로 분류된 구조로 인해 계층별 갈등이 심화되면서 결국 이곳은 도시에서 가장 절망적이고 공포스러운 장소가 되고 말았다. 결국 건설된 지불과 17년 밖에 지나지 않았지만 도시 범죄의 온상이 된 이곳을 세인

그림 7-13. 프루잇 이고 주거단지의 폭파
출처: 영화 〈프루잇 이고〉(2011)

트루이스시 정부는 폭파로 청산하였다. 이는 공공 정책에 의한 도시 재건축 실패의 상징이 되었고, 후에 건축역사가 찰스 젱크스Charles Jencks에 의해 이날은 "모더니즘이 종말을 고한 날"로 기록되었다. (그리고 이것은 포스트모더니즘 건축이 시작되는 계기가 되었다.) 또한 이 사건은 마스터플랜에 의한 도시 조성 방식이 서구에서 폐기되는 시발점이 되었다.

하나의 사상이 끝나고, 새로운 사상을 탄생시킨 건축으로서 프루잇 이고 주거단지는 끊임없이 사람들의 입에 오르내리며 어떤 의미로는 불멸의 건축물이 되었다. 폭파 이후 해당 부지는 공원화되어 숲이 조성되었다. (참고로, 프루잇 이고 주거단지를 디자인한 미노루는 그의 또 다른 대표작인 세계무역센터가 9·11 테러로 붕괴됨에 따라 비운의 건축가로 불리게 되었다.)

그렇다면 이쯤에서 모더니즘과 마스터플랜을 되짚어 보도록 하자. 모더니즘은 19세기 말, 시대적 가치를 상실하여 세기말의 위기에 몰린 사회가 퇴폐와 향락에 이끌리며 문화가 퇴행하던 시절, 새로운 시대와 새로운 예술을 꿈꾼 젊은 지식인과 예술가들이 찾은 시대정신이었다.

그들은 전통적 양식과 역사적 관습에 억눌린 인간의 이성을 회복하고, 합리적 가치를 최우선으로 내세우며 삶의 양식을 바꾸었다. 좋은 제품의 대량 공급을 목표로 통계에 근거하여 찾은 표준화 방식은 유용한 수단이 되었고, 사물을 조직화하고 환경을 체계화하며, 수요와 공급을 정량화하는 방식은 사회의 구성 원리로 작용하였다.

그러나 인간의 이성에 대한 과신은 문제를 낳았다. 도시의 땅은 붉은색, 노란색, 보라색 등으로 칠해져 상업 지역, 주거 지역, 공업 지역으로 차등화되었고, 도로는 제한된 폭과 속도로 서열화되었으며, 도심, 부도심, 외곽 지역은 계급적으로 분류화되어 도시계획이 실행되었다. 심지어는 과학적 합리화라는 명분으로 역사와 전통이 있는 지역들마저 도시계획에 의해 획일화되기 시작하였다.

특히 마스터플랜은 세계대전 직후, 세계의 도시가 개발의 열망에 휩싸이면서 전가의 보도처럼 여겨지게 되었다. 아파트는 표준적 평면으로 집단화되었고, 공공시설은 통계에 근거해 획일적으로 배분되었으며, 교통계획은 빠른 통행을 가장 우선시하게 되었고, 대부분의 길은 직선화되었으며, 각종 주의 표식도 획일화되어 갔다. 어느 순간 공동체라는 의미 대신 각 부분의 적절한 배분을 중요시하는 집합체만 남는 도시가 양산되었다. 프랑스에서도 이러한 신도시가 만들어지자, 르페브르는 "이렇게 철저히 프로그램화된 거주 기계에서는 모험도 낭만도 없으며, 우리 모두를 구획하고 분리하여 서로에게서 멀어지게 한다."라며 질타하기도 하였다. 이처럼 많은 사람들이 급조된 환경에 대해 의심하기 시작했을 때, 프루잇 이고 주거단지가 폭파되는 사건이 발생한 것이다. 이 사건으로, 모더니즘이 20세기의 유일한 시대정신이라고 믿었던 건축가와 도시학자들은 충격을 받았다. 그리고 이 사건을 계기로 마스터플랜만이 유일한 해결책이 아니었음을 다시금 확인하게 되었다.

모더니즘과 마스터플랜이 간과한 것은 인간과 자연이 가지고 있는 개별적 가치였다. 인간 개체의 다양성을 묵과하고 모든 인간을 집단으로 파악하였을 뿐만 아니라 모든 땅이 가지고 있는 독특한 장소성을 무시하였고, 그 역사적 맥락과 자연환경을 외면했던 것이다. 많은 지역들이 비슷비슷한 조감도에 의해 마스터플랜화되었다. 각각의 지역성과 역사성을 무시한 채 인간의 잣대로 공간들을 비슷한 모형과 무늬로 뒤덮으며 획일화를 강요하니, 많은 문제점이 생길 수밖에 없었던 것이다. 다행히 서구에서는 프루잇 이고 사건을 통해 예측하기 어려운 인간의 삶을 되돌아보는 계기로 삼았다. 그리고 이를 계기로 공간을 대하는 방식에 있어서 자연과 화해하는 나눔과 비움의 미학을 발전시켜 나가고 있다.

그런데 서구와 달리 우리나라에서는 여전히 마스터플랜의 힘이 막강하다. 1970년대 경제개발의 광풍과 함께 도시 내부에 등급과 위계를 나누며 등장한 우리나라의 마스터플랜은 지금도 신도시들의 건설로 이어지고 있다. 표준적 모형과 지침을 통해 천편일률적으로 건설된 현재 신도시들의 아파트 경관은 이를 반영한다(그림 7-14). 장소가 가진 고유함은 점차 사라지고 지역의 정체성 역시 소멸되어 가고 있는 듯하다.

흔히 아파트를 시뮬라크르simulacre와 시뮬라시옹simulation으로 표현한다. 프랑스의 사회학자 장 보드리야르Jean Baudrillard는 현대인들의 소비가 그 사물의 실재적 가치가 아닌 사물에서 파생되는 기호적 가치에 대한 소비라고 지적한 바 있다. 그는 이러한 현실의 모사를 시뮬라크르,

그림 7-14. 신도시 경관. 아파트, 넓은 도로, 빼곡하게 입주된 상가의 상점들

그리고 시뮬라크르 하는 과정을 시뮬라시옹으로 정의하였다. 언뜻 매우 철학적으로 들리는 이론이지만 사실 현대인들의 삶 곳곳에서 쉽게 목격할 수 있다. 산업화된 소비사회에서 현대인들은 끊임없이 소비하는데, 이 소비의 목적은 사물의 실재적 가치를 소유하는 것 이상으로 사물이 상징하는 가치를 소비하기 위한 경우가 많다. 예를 들면, 명품 가방이나 지갑 등의 패션 소품에서부터 유명한 브랜드네임brand-name이 붙은 아파트, 자동차 등 그 대상은 우리 일상의 전 영역에 퍼져 있다. 이는 실재하는 그 자체가 아닌 기호 가치(시뮬라크르)에 대한 소비(시뮬라시옹)라고 할 수 있을 것이다. 몇몇 학자들은 현대인들이 점점 실재를 잊고 모사된 현실에 매몰되어 간다고 주장하기도 한다.

일반적으로 광고에서는 웰빙, 건강, 자연, 힐링, 고급, 아늑함 등의 이미지를 사용하는데, 아파트 광고가 대표적이다. 아파트는 인간이 구매할 수 있는 상품 중 가장 비싼 것에 속하지만 한편으로는 실재가 없는 가장 모순적인 상품이기도 하다. 예를 들어, 우리가 무언가를 구매할 때를 떠올려 보자. 옷을 구매하기 전에 한 번 입어 보고, 자동차를 사기

전에도 시승을 하며, 음식을 구매하기 전에도 시식할 수 있다. 이를 적용해 본다면 아파트 역시 며칠간 거주해 보고 최종 구매를 결정해야 하지만 실상은 그렇지 않다. 물론 이를 보완하기 위해 모델하우스가 존재하기는 하지만 보드리야르가 말했듯 실재보다 더 실재 같은 이미지의 극치가 바로 모델하우스인 것이다. 모델하우스나 아파트 광고는 건설 회사가 소비자에게 제공하는 일종의 시뮬라크르인 것이고, 아파트의 구매는 시뮬라시옹인 것이다.

대규모 아파트군이 만들어 내는 직선의 미학은 서울을 중심으로 하여 점점 퍼져 나갔다. 우리나라에서 아파트가 처음 등장한 1950년대와 1960년대는 대개 정부 주도로 건설되었기 때문에 지역명이 아파트명이 되었다. 종암아파트, 마포아파트 등이 그 예이다(그림 7-15). 그러다가 1970년대에는 럭키아파트, 쌍용아파트, 현대아파트 등 건설 회사의 이름이 붙기 시작하였다. 그리고 1990년대 이후부터는 차별화 전략의 일환으로 아파트에 브랜드네임이 붙기 시작하여 기존 아파트와는 다른 고급화 전략이 가미되었다. 현대의 아이파크, GS의 자이, 삼성의 래미안, 롯데의 롯데캐슬, 포스코의 더샵, 대림의 e-편한세상 등은 현재 고급스러운 아파트의 대명사가 되었다. 최근에는 이들 아파트들의 키즈 마케팅도 활발해 여러 가지 테마의 놀이터도 등장하고 있다(그림 7-16). 이러한 과정을 거치면서 우리나라의 아파트들은 시뮬라크르, 시뮬라시옹 되어 풍요의 유토피아를 실현하고 있으며, 공간을 시간의 속도로 공간을 직선의 세계로 재편하고 있다.

소비에 따라 계층 구분이 이루어지는 아파트는 내부 공간에서도 마찬가지로 적용된다. 미국의 사회학자인 소스타인 베블런Thorstein Bunde

그림 7-15. 현재도 남아 있는 마포아파트

그림 7-16. 반포 자이아파트의 카약 놀이터

Veblen은 노동에 직접 종사할 필요가 없는 이른바 유한계급의 소비문화
는 실용적인 것보다는 비실용적인 것, 간편한 것보다는 불편한 것, 쉬
운 것보다는 어려운 것을 선호하는데, 이는 결국 자신이 직접 노동을
하지 않아도 된다는 것을 보여 주기 때문에 유효한 것이라고 하였다.
예로, 르네상스나 로코코, 바로크 시대의 여성 옷차림은 깊게 판 가슴
선과 과도하게 조인 허리, 높이 올린 머리 등으로 인해 매우 불편하지
만 바로 그것이 자신이 직접 일을 하지 않아도 된다는 것을 보여 주기
때문에 유효하고, 더 나아가 아름다운 복장으로 보이게 한다는 것이다.
다이아몬드 반지도 마찬가지의 예가 적용된다. 다이아몬드 반지는 실
용성은 매우 떨어지지만 그 작은 보석이 매우 고가이기 때문에 의미 있

는 물건으로 여겨진다는 것이다. 즉, 값이 싸고 유용한 물건일수록 가치와 품위가 떨어지고, 값은 비싸지만 쓸모는 별로 없는 물건일수록 과시적 소비의 품목으로 간주되는 것이다. 이를 건축에 적용하면, 고급 아파트일수록 내부에는 비실용적인 공간의 면적이 넓다는 것을 알 수 있다.

사실상 주택의 일차적 목적은 밥을 먹고, 잠을 자기 위한 공간을 제공하는 것이다. 그렇기 때문에 가장 실용적이면서 반드시 있어야 하는 방은 침실과 부엌이다. 그래서 원룸이나 자취방은 방 하나와 부엌 하나로 구성되어 있다. 이처럼 두 개의 공간으로만 이루어진 가장 간단하고 저렴한 주택을 '식침食寢계열'이라고 하는데, 사실상 식침계열만으로도 우리가 먹고 사는 데에는 큰 지장이 없다. 그럼에도 불구하고 우리는 침실과 부엌 외 거실이나 서재, 드레스룸, 응접실, 베란다 등이 있는, 상대적으로 고가 주택인 '비식침계열'을 선호하는 경향이 있다. 현대인들은 기호 및 이미지를 소비하고자 하기 때문이다. 이러한 비식침계열은 넓게는 주변의 전망까지도 포함한다. 그래서 우리나라의 경우, 다소 비싸더라도 한강변의 아파트를 좀 더 선호하는 것이다(그림 7-17). 결론적으로, 상대적으로 고급 아파트일수록 내부 공간의 식침계열 면적 비율이 낮아지고, 그 반대의 경우 아파트 내부 공간의 식침계열 면적 비율은 높아진다는 것을 알 수 있다. 겉보기에는 우리의 풍요로운 일상이 직선의 형태로 동일하게 실현되는 듯 보이지만, 실상 아파트의 내부 공간을 통해 또 다른 계층적 차별화가 진행 중인 것이다.

나쁜 일상을 가진 도시란 계급적인 도시라고 주장한 건축가 승효상의 말이 떠오른다. 그는 거주지를 계층별로 분류하고, 명령을 전달하고

그림 7-17. 비식침계열의 고급 주택 내부(좌)와 한강변 아파트(우)

통제하기 쉬운 거리를 구성하며, 권력자의 구미에 맞는 건축과 상징물을 랜드마크로 삼는 곳은 결코 좋은 공간이 아니라고 하였다. 그래서일까? 아파트가 주는 안락함과 편리함을 거부하는 것은 아니지만, 아주 가끔은 과거의 일상적 풍경이 그리워질 때가 있다. 오래된 건물과 담벼락, 낡고 녹슨 창살, 정형화되지 않은 골목길, 시민이 자유롭게 오가는 빈터와 마당 등이 말이다. 시간의 때가 묻은 공간은 자꾸 사라져만 가는데, 과하게 들어서고 있는 신도시들과 높아져만 가는 아파트들의 건설로 채워지는 현재 우리의 일상적 경관을 보노라면, 프루잇 이고가 주는 의미가 자꾸만 떠오른다.

Chapter 8

종교적 상징의 공간

1. 빛과 시간을 이용한 신성한 권력의 창출

사찰, 성당, 교회 등의 종교 건축물은 인간은 나약하지만 신은 위대하고, 현생은 찰나와도 같지만 사후는 영원하다는 메시지를 전달하고자 한다. 그런 의미에서 종교 공간은 대체로 빛과 시간을 이용하여 만들어지고, 이렇게 형성된 종교 공간은 신성함이 배가되는 효과가 있다. 일반적으로 종교에서 신은 항상 밝은 빛으로 표현된다. 그런 이유로 종교 공간으로서의 건축은 빛을 보다 극적으로 연출하는 것이 중요하다. 특히 단조롭고 긴 한낮의 태양보다는 일출이나 일몰 같은 짧고 강렬한 빛이 더 인상적으로 다가오기에 많은 종교 건축은 이러한 점을 잘 이용하고 있다.

아침 예불을 중시하는 사찰

일반적으로 불교의 사찰은 동향東向이 많다. 아침 햇살을 잘 받을 수 있도록 설계되기 때문이다. 불교는 새벽 예불을 중시한다. 불법佛法은 무지의 어둠 속에서 밝게 빛나는 지혜로 여겨지기 때문에, 흔히 어둠을 뚫고 솟아오르는 태양빛에 비유되곤 한다. 새벽의 부처는 그 미소가 더욱 온화하고 자비로워 보이는데, 그러한 느낌을 더욱 극적으로 살리기 위해 특히 대웅전(석가모니불을 봉안한 곳)은 동향에 배치된다(그림 8-1).

대부분의 종교는 만민에 대한 사랑을 원칙으로 하므로, 사찰이든 성당이든 교회든 문이 굳게 닫혀 있는 경우는 보기 드물다. 그렇다고 해서 부랑자와 노숙자, 그리고 잠시 머물며 놀다 가는 사람들까지 모두

그림 8-1. 강화 전등사의 대웅전(좌)과 아침 햇살이 드리운 석가모니불(우)

쉽게 종교 공간에 드나들 수 있다면 곤란한 문제가 될 수 있다. 그런 의미에서 사찰의 대문은 모든 사람들에게 열려 있어야 하지만, 그렇다고 정말로 아무나 쉽게 들어와서는 안 되는 모순을 극복하기 위해, 속俗에서 성聖으로의 길고 험난한 여과 장치를 설치한다. 즉, 사찰은 사바에서 정토로 들어가기까지 몇 겹의 문을 거쳐 들어오도록 설계되는데, 이러한 동선은 도보로 약 1~2시간 정도의 시간이 소요되도록 만들어진다.

모든 사찰이 다 그런 것은 아니지만, 대개 규모가 큰 사찰은 다음과 같은 문들을 거치며 들어가도록 설계된다. 가장 먼저 사찰의 시작을 알리는 일주문一柱門이 등장한다. 일주문은 보통 기둥이 한 줄로 배치된 문을 말하는데, 사찰과 세속의 경계가 될 뿐만 아니라 불자로서의 일심一心을 상징한다. 이 문을 거치면 산문山門(산문은 없는 경우가 많다.)을 거쳐 금강문金剛門에 이르게 된다. 금강문은 부처의 가람(승원, 불도를 닦는 숲)과 불법을 수호하는 두 금강역사(왼편에는 자취를 드러내지 않는다는 밀적금강이, 오른편에는 힘이 엄청나게 세다는 나라연금강이 놓여 있다.)가 지키고 있는 곳이다. 금강문을 지나면 악귀를 물리칠 수 있다고 믿는다. 이곳을 지나면 동서남북의 사천왕을 모신 천왕문天王門에 이르게 되고, 마지막으로는 사찰의 최종문인 해탈문解脫門에 다다르게 되는데, 이 문을 들어섬과 동시에 온갖 근심과 걱정에서 벗어나라는, 즉 자유로워지라는 의미가 담겨 있다. 다른 말로 해탈문은 불이문不二門이라고도 불리는데, 진리란 둘이 아닌 하나라는 의미를 담고 있다. 이렇게 '일주문-금강문-천왕문-해탈문'이라는 동선을 천천히 통과하면서 깊은 신심을 가진, 혹은 그러한 마음을 가지고 싶은 사람들만

일주문   금강문

천왕문   해탈문

그림 8-2. 사바에서 정토로 이르는 과정을 담아 설계된 사찰의 문들

사찰의 경내로 들어서라는 의도가 들어 있는 것이다(그림 8-2).

저녁 기도를 중시하는 성당과 교회

불교에서 아침 예불을 중요시하여 일출의 빛을 이용한다면, 기독교에서는 저녁 기도를 중요시하기 때문에 일몰의 빛을 이용한다. 외국 영화나 드라마 속에서, 하루의 일과를 마치고 집에 돌아온 가족이 저녁 식탁에 둘러앉아 '오늘 하루도 무사히 보내게 해 주셔서 감사드립니다.'라며 기도를 하는 모습은 우리에게도 매우 익숙한 풍경이다. 이렇듯 저녁 기도를 중시하는 성당이나 교회는 서향西向이 일반적이다.

특히 성당의 입구는 요철凹凸을 이용해 화려하게 장식하는 경향이 있다. 요철의 굴곡이 심할수록 표면에 그림자가 깊게 드리우기 때문에, 저물어 가는 태양의 고도에 따라 그 표정이 풍부하게 변화하기 때문이다. 그래서 성당의 입구는 파사드façade로 표현된 경우가 많다. 파사드란 건축물의 주 출입구가 있는 정면부로, 내부의 공간 구성과는 관계없

그림 8-3. 프랑스 노트르담 대성당의 파사드

이 입구 자체만으로 독자적인 구성을 취하는 것을 말한다(그림 8-3).

성당도 사찰과 마찬가지로 여과를 위해서 긴 축선을 갖는다. (도심에 위치한 성당에서는 규모의 문제로 인해, 축선 대신 실내에 마련된 인위적 장치들을 사용하기도 한다.) 이러한 성당 건축양식을 바실리카basilica 양식이라고 한다. 바실리카는 고대 로마의 시장과 법정을 겸비한 공공 건물이었는데, 이 건물은 정방형의 평면 내부를 두 줄 내지 네 줄의 기둥으로 가름으로써 중앙과 양측의 공간을 나누는 방식을 취한다.

4세기 초(A.D. 313), 로마 황제 콘스탄티누스 대제에 의해 기독교가 공인되면서 성당의 건립이 촉진되었는데, 이 새로운 상황에 직면한 당시의 건축가들은 고대 로마 초기의 바실리카 양식을 본떠 성당을 급히 건축하게 된다. 이렇게 형성된 바실리카 양식의 성당들은 유럽에 기독교 문화를 뿌리내리게 하였다. 바실리카 양식은 속에서 성으로 가는 여과 장치를 다음과 같은 동선으로 배치하였다. 먼저 포티코potico라는 입구로 들어가면, 아트리움atrium이라 불리는 넓은 안뜰이 있다. 아트리움은 일반적으로 아케이드 또는 콜로네이드로 둘러싸여 있고, 안뜰의 중앙에는 결제潔齋의 의미를 지닌 샘이 놓여 있다. 그리고 나르텍스narthex라 불리는 회랑을 지나야 비로소 성당의 안으로 들어갈 수 있는 구조를 지니고 있다. (한편 성당의 안쪽은 누구나 쉽게 들어올 수 있는 공간이 아니어서, 교회에서 파문을 당한 자는 나르텍스에 머물러 예배를 드려야 했다.) 이러한 성소의 법칙을 거쳐 성당 안에 들어서면 네이브nave라고 하는 긴 복도와 그 옆의 아일aisle이라고 하는 측면 복도가 있고, 그 복도 끝에는 앱스apse라 불리는 지성소 혹은 제단이 놓여 있다. 이와 같이 '포티코-아트리움-나르텍스-네이브-지성소'로 이어지는 일자형

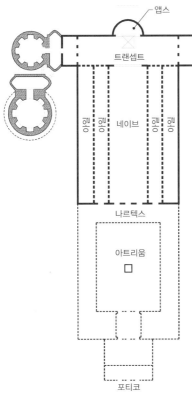

앱스

트랜셉트

낭호 낭호 네이브 낭호 낭호

나르텍스

아트리움

□

포티코

그림 8-4. 속에서 성으로 가는 여과 장치를
반영한 바실리카 양식

구조를 바실리카 양식이라고 한다(그림 8-4).

이러한 바실리카 양식은 중세가 되면서 보다 크게 발전하였다. 몸체에 해당하는 네이브의 폭이 넓어지고, 천장이 높아졌으며, 그것을 덮기 위해 볼트vault라고 하는 특유의 돔 지붕이 완성되었다. 지나치다 싶을 정도로 높은 천장은 비현실적인 공간감을 형성하고, 그 안에서 인간은 자신을 왜소하고 나약하게 느끼도록 하는 효과를 가져온다. 게다가 창은 인간의 눈높이에 해당하는 하단이 아닌 상층부에 설치하여 태양의 빛이 성당의 상부에 머물도록 하였다. 이를 통해, 성당 내부로 들어온 사람들은 저절로 성당 맨 끝에 놓인 지성소만을 바라보게 된다. 결국 성당과 교회의 바실리카 양식은 지고한 권력의 정점, 즉 신만을 향하도록 의도적으로 설계된 것으로 볼 수 있다. 그리고 천상이라는 느낌을 배가하기 위해 스테인드글라스를 사용하였고, 거기에 성모상이나 예수상을 배치하여 더욱 성스러운 공간으로 작용할 수 있도록 고안하였다(그림 8-5). 결국 이러한 바실리카 양식은 유럽 성당을 건축하는 데 기본이 되었다.

그림 8-5. 체코 프라하의 성 비투스 대성당 내부

2. 서울 속 신들의 땅

서울 곳곳에는 독특한 색채를 풍기는 다양한 종교 건축물이 자리 잡고 있다. 문화체육관광부의 통계에 따르면, 우리나라의 종교 단체는 약 270개, 교당은 약 9만여 개에 달한다. 각각의 종교마다 서로 다른 역사적 의미를 담고 있고, 중세에서 근대까지의 건축양식을 표현하고 있어, 서울만 답사하더라도 다양한 종교 건축물을 접할 수 있다. 그래서 특별히 이 절에서는 도심 속 신들의 땅이라는 주제로 필자의 답사 경험을 바탕으로 서울 내 종교 건축물 기행 코스를 구성해 보았다.

약현성당과 절두산 순교성지

사적 제252호로 지정된 서울 중림동 약현성당은 박해 시대 때 참형

장이었던 서소문 밖 네거리(서소문 근린공원)를 내려다보는 가파른 약현언덕 위에 위치하고 있다. 그래서 이곳은 서소문 순교성지로도 불린다(그림 8-6). 1892년에 준공된 약현성당은 한국 최초의 고딕 양식 건축물이자 서양식 벽돌조 건축물로 알려져 있다. 하지만 6·25전쟁으로 많이 파손되었으며, 세월이 흐름에 따라 노후화되었다. 이에 부분적으로 보수공사를 했지만, 외부 벽돌의 노화 및 여러 문제가 야기되어 1974~1976년 대대적인 보수 공사를 거치면서 원형이 많이 바뀌었다. 또한 1998년에는 화재까지 발생하여 성당 내부가 완전히 소실되고 종탑 일부가 훼손되기까지 하였다. 다행히 2000년에 성당(건립 당시의 옛 모습과 비슷하게)을 복원하여 오늘에 이른다.

명동성당의 축소판이며, 시험작이라 할 수 있는 약현성당 내부의 평면 구성은 3채로 이루어진 삼랑식三廊式이다. 뾰족하면서도 둥글고 높은 아치형 천장, 네이브와 아일의 뚜렷한 구분, 커다란 하나의 지성소와 돌출된 앱스, 석조 기둥과 스테인드글라스 등이 내부 공간의 특징이다(그림 8-7). 하지만 외부에서는 낮은 단층 지붕으로 되어 있어 그 구분이 잘 드러나지 않는다. 외부는 빨간 벽돌로 감싼 몸체를 지니고 있

그림 8-6. 약현성당 내의 서소문 순교터

그림 8-7. 약현성당의 내부 공간   그림 8-8. 약현성당의 외부 공간과 첨탑

는데, 정면 가운데에서 측정 시 약 22m의 높이를 가지는 8각형 형태의
건물로 첨탑이 솟은 모습을 하고 있다(그림 8-8).

　이처럼 약현성당은 바실리카 양식의 벽돌조 건물이며, 고딕 양식 건
축물의 기본 구성을 따라 설계되었다. 고딕 양식 건축물은 12세기 중엽
부터 북프랑스의 기독교 건축을 중심으로 발전한 건축양식인데, 긴 건
물과 뾰족한 첨탑으로 인해 수직적이고 직선적인 느낌을 주는 것이 특
징이다. 고딕 양식의 건축물은 교차하는 리브 볼트ribbed vault, 플라잉 버
트레스flying buttress, 그리고 버팀벽buttress 등이 근간을 이룬다. 여기에서
볼트란 아치에서 발달된 반원형 천장·지붕을 이루는 곡면 구조체를
말하고, 리브란 판상板狀 또는 두께가 얇은 부분을 보강하기 위하여 덧
붙이는 뼈대를 말한다. 따라서 리브 볼트란 교차하는 볼트의 능선을 리
브로 보강한 것을 의미한다. 그리고 플라잉 버트레스란 주벽과 떨어져
있는 경사진 아치형으로 벽을 받치는 노출보를 의미한다. 또한 벽을 지
지하기 위해 축조된 외부 구조물을 버팀벽이라고 하는데, 보통은 옆쪽
으로 튀어나온 보강용의 벽을 가리킨다. 약현성당은 고딕 양식의 특징

인 리브 볼트, 플라잉 버트레스, 그리고 버팀벽이 모두 나타난다(그림 8-9)

결론적으로 약현성당은 고딕 양식의 요소가 깃든 바실리카 양식 건물로서 우리나라 최초의 서양식 교회 건물이자 본격적인 벽돌조 건물로서 건축사적인 의의가 매우 큰 건물이다. 또한 1900년 이전의 몇 안되는 서양식 건물 중 일본을 통하지 않고 직접 서양으로부터 수용하였다는 점에서 명동대성당과 함께 우리나라 근대 건축사의 주요한 서두를 점하고 있다. 물론 명동성당만큼 완전하고 순수한 서양 중세 건축양식을 갖추지는 못하였지만 명동성당의 건축에 앞서 교회 건축과 서양 건축의 핵심적인 여러 요소들이 채택되어 시험되었다는 점에서 큰 의의를 부여할 수 있다. 즉, 내부 공간의 분절화, 벽돌의 자작自作 생산과 이형 벽돌의 사용, 목재의 볼트 등에 의한 서양식 벽돌조 건축의 구현 등은 이후 교회 건축뿐만 아니라 병원, 학교, 관청 건물 등의 초기 서양식 건축에 커다란 영향을 주었다.

그림 8-9. 고딕 양식을 취하고 있는 약현성당

또 다른 천주교 성지인 절두산 순교성지는 서울시 마포구 합정동 일대의 한강변에 위치한다. 조선 시대에는 양화나루 혹은 양화진의 잠두봉蠶頭峰이라 불리며, 한강변의 명승지로 여겨지던 곳이었으나, 1866년 병인양요로 프랑스 함대가 양화나루까지 침범한 사건이 발생하자, 이에 격분한 흥선대원군이 잠두봉에 형장을 설치해 천주교인들을 처형하여 1만여 명의 천주교인들이 이곳에서 죽임을 당하였다. 그 뒤로 절두산切頭山이라는 이름을 가지게 되었다.

6·25전쟁 이후 순교자들의 넋이 서린 이 지역을 성지로 조성하였고, 1956년 절두산 순교지를 매입해, 병인박해 100주년이 되던 1966년에 순교성당과 순교기념관을 기공한 이후 1967년에는 이를 준공·개관하였다. 우리나라 천주교 순교지로서의 의미가 서린 장소이기에 절두산 성지는 1997년, 사적 제399호로 지정되었다. 현재 이곳에는 성당을 비롯하여, 성당 지하에는 조선 시대 박해로 순교한 천주교인들의 유해를 안치한 성인유해실, 순교자들의 흔적 및 조선의 사회와 문화를 엿볼 수 있는 약 3천여 점의 유물과 자료가 보관된 기념관이 있다. 또한 야외전시장에는 우리나라 천주교 최초의 사제인 김대건 신부의 동상과 순교자들의 묘와 비석, 그리고 성스러운 조각품 등으로 이루어진 정원이 조성되어 있다(그림 8-10).

종교 건축에 있어 중요성이 드러나도록 공간이나 형태를 구성하려면 예외적인 크기exceptional size, 독특한 형태a unique shape, 그리고 의도적인 입지a strategic location 등의 세 가지 원리를 따라야 하는데, 건축가 이희태가 설계한 절두산 순교성지의 건축물들은 기본적으로 이러한 원리가 잘 적용되어 있다. 잠두봉 윗부분을 거의 다 차지하는 순교성당과 순교

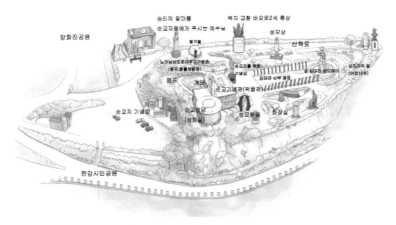

그림 8-10. 절두산 순교성지 안내도

기념관은 성당과 기념관이라는 두 가지 기능을 분리시키면서도, 이를 하나의 건물로 통합하여 예술적 측면에서도 높은 평가를 받는다. 성당은 절두산 봉우리에, 기념관은 성당 북동쪽 경사지에 배치하였다. 3층으로 설계된 기념관은 우뚝 솟은 벼랑 위에 만들어 순교자들의 고난을 대변하고 있으며, 천주교라는 서구 종교를 한국적인 정서로 풀어 내고 있다(그림 8-11).

먼저 성당은 가장 단순한 기능을 수용하는 박스형 건물에 높은 첨탑이 첨가되는 방식으로 구성하였다. 성당 내부는 지성소와 신자석이라는 두 가지 기능만을 수행하고 있는데, 이는 성당이라는 고유한 성격을 훼손하지 않기 위한 것으로 사료된다. 여기에 성당 제단 위 천개天蓋는 조상들이 쓰고 다니던 갓 모양을, 구멍을 낸 종탑은 순교자들의 목에 채워졌던 목칼을 상징하고 있으며, 특히 종탑은 성당과 기념관이라는 두 개의 건축물을 하나로 연계하는 상징적 기능을 가진다(그림 8-12). 이러한 디자인은 한국적 정서와 순교지로서의 상징성과 기능성을 모두 드러낸다.

또한 성당 내부의 지성소 상부에는 빛이 투과되는 둥근 천창, 즉 로톤다를 설치하고, 여기에 스테인드글라스를 두어 빛이 들어오도록 만들면서 장소에 신성성을 더욱 부여하였다. 이를 통해 지성소와 신자석을 암묵적으로 구분하고 있다. 로톤다 방식을 통해 신의 영광과 성령의 임재를 표현한 것이다. 성당 지하의 성인유해실은 28위의 순교 성인 유해가 안치된 곳으로 절두산 순교성지 중 가장 신성한 장소이자, 성당 건축물의 가장 핵심이 되는 곳이다. 백색과 금색의 단순한 색상으로 디자인되어 보다 신성성을 부여하였다(그림 8-13).

그림 8-11. 절두산 순교성지의 경관

그림 8-12. 순교성당. 위에서 바라본 모습(좌)과 아래에서 바라본 모습(우)

두 번째로 살펴볼 순교기념관은 한국적인 토착성과 전통적인 고유미가 강조되어 있다. 대궐 기둥과 같은 회랑의 원주, 곡선형 추녀를 지닌 초가집 지붕에 박이 주렁주렁 매달려 있는 듯한 모습은 이를 반영한다. 이는 순교자들의 사슬이나 족쇄로도 해석이 가능하다. 여기에 필로티와 열주들을 외부로 노출시키는 경관적 특성은 건물의 구성을 매우 명료하게 드러내 주며, 그것은 절제된 비례 체계로 구성되어 보다 숭고한 느낌을 준다. 총 3층으로 구성된 기념관은 경회루와 주춧돌, 원형 기둥이 재현된 형태를 가지는데, 가장 아래쪽인 1층에는 주춧돌 모양의 필로티가 외부로 노출되어 있고, 그 위의 2~3층은 쌍주雙柱 형태로 된 기둥들과 발코니가 외관을 둘러싸고 있어, 이를 통해 화해와 용서의 조화

그림 8-13. 순교성당 내부의 로톤다(좌)와 성인유해실(우)

그림 8-14. 순교기념관. 초가가 연상되는 곡선형 지붕(좌), 박줄이 연상되는 쇠사슬(중), 필로티 구조와 쌍주(우)

로움을 드러낸다(그림 8-14).

세 번째로 순교성당과 순교기념관으로 가는 순례길을 들여다보자. 잠두봉 위에 입지한 순교성당과 기념관에 다다르기 위해서는 순례를 하듯 평지에서 구릉 위로 올라가야만 한다. 성당과 기념관으로 접근하는 방법은 두 가지인데, 하나는 계단을 이용하는 방법이고, 다른 하나는 램프(경사가 있는 통로)를 통한 방법이다. 계단은 동선을 줄이는 기능을 갖는 동시에 계단을 오르면서 시각이 분산되지 않고 집중되는 효과를 가진다(그림 8-15 좌). 반면 계단이 시작되는 지점에서 서쪽으로 우회하여 램프로 접근하는 방법은 계단에 비해 동선은 길지만, 자연스러운 지형의 흐름을 파악하면서 한쪽으로는 성당의 숲을, 다른 한쪽으로는 마을의 전경과 한강을 마주하며 경치를 음미하며 올라갈 수 있다(그림 8-15 우). 이 두 가지 순례길에 대한 선택은 종교에 대한 장소적 해석을 가능하게 한다. 신에 이르는 길, 즉 목적지에 도달하는 길이 빠른 것(계단)이든, 느린 것(램프)이든 결국 신앙에 이르고자 하는 궁극적

그림 8-15. 순교성당과 기념관으로 가는 순례길. 계단(좌)과 램프(우)

그림 8-16. 절두산 순교성지의 성모동굴과 김대건 신부상

목표는 다르지 않다는 점이다.

이 외에도, 절두산 순교성지 곳곳에는 여러 성스러운 조형물과 성화들이 놓여 있어 숭고한 순교의 의미와 종교적 신성성을 상징화하고 있다(그림 8-16). 이처럼 절두산 순교성지는 역사적이고 미학적이며 종교적인 상징의 공간일 뿐만 아니라 산책로와 박물관 체험, 그리고 주변의 한강시민공원, 양화진공원 등을 통해 거주민과 신앙인들의 사고와 체험이 이루어지는 일상적 문화 공간이 되고 있다.

길상사

서울시 성북구 성북동, 삼각산 남쪽 자락에는 길상사吉祥寺라는 사찰이 있다. 대한불교조계종 소속의 사찰로, 삼청각, 청운각과 함께 우리나라 3대 요정으로 꼽혔던 대원각의 주인이 법정 스님의 무소유 철학에 감화를 받아 조계종 송광사의 말사로 시주하면서 아름다운 사찰로 거듭난 곳이다.

그림 8-17. 길상사 풍경

1997년에 세워졌으니 길상사의 역사는 짧은 편이다. 그렇지만 도심 안에 이렇게 청정한 공간이 있다는 것만으로도 감탄을 자아낸다(그림 8-17). 현재에도 사찰 체험, 불도체험, 수련회 등의 다양한 프로그램을 진행하면서 일반 대중과 불교를 가깝게 이어 주는 역할을 하고 있다.

그림 8-18. 길상사의 관세음보살석상

경내에는 극락전, 범종각, 일주문, 적묵당, 지장전, 설법전, 종무소, 관세음보살석상, 길상화불자 공덕비, 참선실 등이 배치되어 있다(그림 8-18). 사찰의 대웅전격인 극락전에는 아미타부처를 봉안하고 좌우로 관세음보살과 지장보살이 협시하고 있다. 2013년에는 서울미래유산에 등재되었다.

한국 정교회 성 니콜라스 대성당과
예수 그리스도 후기 성도교회 서울성전

정교회正敎會, Orthodox Church는 기독교가 콘스탄티누스 대제로부터 공인되기 이전부터 보급되어 있던 종파로, 초기 기독교에서 로마 가톨릭으로부터 분리해 나간 비잔틴 계열의 종교이다. 그리스, 러시아, 동유럽 등의 지역에서 사도 시대(A.D. 30년경)부터 발전해 온 그리스도교회의 총칭이라고 할 수 있으며, '그리스정교회' 또는 '동방정교회'라고도 한다. Orthodox는 그리스어에서 '진리' 혹은 '올바름'이라는 뜻의 orthos와 '믿음'이라는 뜻의 doxa가 합쳐져 만들어진 것이다. 우리나라에는 1900년에 전파되어 2010년에는 110주년 기념 행사가 열린 바 있다.

한국 정교회 성 니콜라스 대성당은 서울시 마포구 아현동에 위치한다. 원래는 1903년 고종 때 흐리산토스 신부에 의해 러시아 공사관 옆(현 경향신문 자리)에 세워졌으나 6·25전쟁으로 대부분 파괴되어 1968년 지금의 자리에 다시 지은 것이다.

로마 가톨릭 성당들이 긴 사각형의 공간을 도드라지게 만들어 신과의 만남을 강조하는 바실리카 양식을 택한다면, 정교회 교회들은 중앙의 둥근 돔을 통해 쏟아져 내리는 하늘의 빛을 수렴하는 비잔틴 양식을 사용한다. 성 니콜라스 대성당도 비잔틴 양식으로 만들어졌기 때문에 이곳에 들어서면 지붕의 둥근 돔이 가장 먼저 눈에 들어온다. 또한 성당 입구 왼쪽에 있는 아치형 종탑도 독특한데, 모두 5개의 크고 작은 종들이 내리 걸린 줄을 잡아당겨 치도록 되어 있다. 요즘에도 예배 때면 어김없이 이 종이 울린다(그림 8-19).

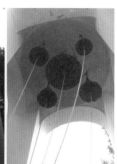

그림 8-19. 성 니콜라스 대성당의 비잔틴 양식 건축물과 아치형 종탑

　중앙 돔을 기준으로 신자석과 전례 공간인 지성소가 나뉘지만 중앙 돔 양쪽에 사각형 공간을 각각 두어 결국 내부 공간은 십자가 형태를 띠고 있다(그림 8-20). 성당의 천장은 예수를 정점으로 성모 마리아와 천사·세례요한, 구약의 예언자 아브라함·다윗·모세, 하나님의 뜻대로 살았다는 이른바 구약의 의인들이 차례로 그려져 있다. 결국 이 돔은 천상의 예수와 지상의 인간을 연결하는 공동체를 의미하는데, 자연스레 빛을 투과하는 로톤다 방식을 채택하여 지고한 성스러움을 밝혀주는 효과로 작용하고 있다(그림 8-21).

　가톨릭과 정교회에서 주로 그리는 종교적인 상징물을 그리스어로 이콘Eικών이라고 하는데, 일반적으로 성화聖畵로 번역된다. 정교회는 가톨릭과는 비교할 수 없을 만큼 이콘을 중시한다. 4세기부터 사용하기 시작했다는 이콘은 대부분 복음서의 내용을 담고 있어 기독교의 심오한 진리를 신자들에게 쉽게 이해시키기 위한 보조 교재가 된다. 그래서 이곳 성당 안은 온통 이콘으로 장식되어 있다(그림 8-22). 성모상과 아기 예수, 노아의 방주, 최후의 만찬에 이르기까지 다양하고 아름다운 이

그림 8-20. 성 니콜라스 대성당의 입구와 십자가 형태의
내부 공간

그림 8-21. 성 니콜라스 대성당의 천장 ▶

그림 8-22. 성 니콜라스 대성당의 이콘

콘을 만나볼 수 있어 이곳은 단순한 종교 공간을 넘어서 예술적 가치를
느낄 수 있는 공간이기도 하다.

한편 예수 그리스도 후기 성도교회LDS: The Church of Jesus Christ of Latter-
day Saints는 초대 교회의 신권 조직과 교리, 운영 원리를 그대로 회복하

였다고 하여 회복된 기독교를 표방하는, 미국에서 독자적으로 설립된 기독교 교파이다. 1830년 뉴욕주에서 조셉 스미스 주니어(Joseph Smith, Jr.)를 포함하여 다른 어느 종교에도 소속된 경험이 없는 젊은이 6명을 등기인으로 하여 공식 설립되었다. 이 교회는 처음부터 스스로 가톨릭이나 개신교의 일원이 아니며, 그들 중의 어느 틈새에서 파생된 종파도 아니고, 오직 회복된 기독교임을 천명하여 왔다. 따라서 구교, 신교의 구분과는 별개로 분류된다. 성경과 더불어 모르몬경을 경전으로 공인하고 있기 때문에 일반인들에게는 모르몬교라고 알려져 있으나 교회에서는 공식 명칭 사용을 요청하고 있다. 1955년 처음 한국에 소개되었을 당시에는 'Latter-day'를 일본어식인 '말일'로 번역하여 말일 성도 예수 그리스도 교회로 불렸으나 2005년 7월을 기점으로 한국어 명칭을 현재와 같이 재번역하여 개칭하였다.

우리나라에 있는 예수 그리스도 후기 성도교회 서울성전은 서울시 서대문구 창천동에 위치한다. 모르몬교 성전으로는 20세기에 지어진 37번째 성전이며, 아시아 대륙에서는 처음 지어진 성전이다. 1981년에 설립 계획이 발표되어, 1985년 12월에 지상 12층(지하 1층 포함) 건물로 준공되었다.

건축물의 형태는 하얀 외관에 단순하고 깨끗한 삼각형의 모던한 모습을 지니고 있다. 각 꼭짓점에는 날카로운 첨탑이 하늘을 찌를 듯한 형상으로 만들어져 있고, 가장 높이 솟아오른 첨탑에는 십자가 대신 모로나이라는 천사가 장식되어 있다(그림 8-23). 성전의 내부도 외부와 마찬가지로 하얀 공간으로 이루어져 있어 신성함과 청렴함을 강조하고 있다(그림 8-24).

그림 8-23. 예수 그리스도 후기 성도교회 서울성전(좌)과
첨탑의 모로나이 천사(우)

그림 8-24. 예수 그리스도 후기 성도교회 서울성전의 내부

　　예수 그리스도 후기 성도교회의 본부는 유타주의 솔트레이크시티Salt
Lake City에 있으며 세계 각처에 지역 단위 교회를 두고 있다. 이 교회는
조직 운영 원리상 급여를 받는 직업 성직자를 두지 않으며, 자기 직업
을 가진 평신도들에 의해 운영된다. 이 교회의 12세 이상의 남성 신도
는 신권을 받아 (해외) 교회에서 봉사하고 부름받아 해당 조직을 인도
할 수 있다. 그래서 예수 그리스도 후기 성도교회 서울성전에는 하얀색
단층 건물로 이루어진 선교사실이 별도로 있고, 여기에서 생활하는 단
정한 옷차림의 젊은 청년 봉사자들을 쉽게 만나볼 수 있다(그림 8-25).

그림 8-25. 예수 그리스도 후기 성도교회 서울 성전의 선교사실(좌)과 청년 봉사자들(우)

하레 크리슈나 힌두교 사원과 한국 이슬람교 서울중앙성원

한국에서 힌두교는 여전히 생소한 종교이다. 문화체육관광부가 발표한 한국의 종교 현황에서도 힌두교에 관한 언급은 찾아볼 수 없을 정도이다. 그런데 서울시 용산구 해방촌에는 힌두교 사원 '베다 문화센터 Vedic cultural center – 스리 라다 샤마순더르 사원'이 있다(그림 8-26). 해방촌으로 가는 길가에 작은 간판이 하나 걸려 있을 뿐이어서 찾기가 쉽지 않다. 간판에는 작은 글씨로 하레 크리슈나, 하레 라마Hare Krishuna, Hare Rama라는 만트라Mantra(영적 또는 물리적 변형을 일으킬 수 있다고 여겨지는 발음, 음절, 낱말 또는 구절)가 적혀 있다. 그래서 일반적으로 하레 크리슈나 사원Hare Krishna Temple이라고도 불린다.

하레 크리슈나 힌두교 사원은 미국의 기업가이자 애플의 창시자인 스티브 잡스Steve Jobs가 다녔다는 이스콘ISKCON 힌두교 사원으로도 알려져 있는데, 이스콘은 인도의 비슈누Vishnu 종파 계열인 박티베단타 스와미 프라부파다Bhaktivedanta Swami Prabhupada에 의해 만들어진 단체로, 정식 명칭은 크리슈나 의식 국제협회The International Society for Krishuna

그림 8-26. 해방촌의 하레 크리슈나 힌두교 사원

Consciousness이다. 이스콘은 일종의 단체이며, 그 아래로 수많은 힌두교 사원과 아시람ashram(힌두교도들이 수행하며 모여 사는 공동체 거주 지구) 농장 등이 있다. 쉽게 말해, 하레 크리슈나는 힌두교 중에서 비슈누를 따르는 종파 중 하나로 볼 수 있다. 이들은 하레 크리슈나, 하레 라마 등의 만트라를 주로 음송하며 특히 유럽이나 미국 등 서양에 적극적으로 전도하고 있다.

해방촌에 있는 하레 크리슈나 힌두교 사원은 2008년 일반 가정집을 개조해 만들어 지금에 이르고 있다. 단순한 종교 시설 이상의 공간으로 이주 노동자들 간 정보를 교류하는 장소이기도 하다. 이 사원에서 많은 이주 노동자들은 한국인 사장에 대한 불만을 이야기하기도 하고, 출입국관리소에서 겪은 일을 토로하기도 한다. 이곳 사원에 다니는 힌두교도들은 국적과 피부색 때문에 차별을 당한 적은 있어도 종교를 문제시하는 한국인들은 거의 없었다고 하니 다행이라고 해야 할까? 여하튼 이 사원이 생긴 이후 인도 식당과 카페, 요가 학원 등이 들어서고, 인도 전통 홀리 축제(인도 봄맞이 축제)도 열리고 있다. 2010년, 우리나라와 인도가 포괄적 경제 동반자 협정CEPA을 맺은 이후 점점 긴밀한 관계가 되는 상황에서, 우리나라에 있는 힌두교 사원에 대한 관심도 조금은 필요해 보인다.

한편 1974년에 착공하여 1976년에 개원한 한국 이슬람교 서울중앙 성원은 서울시 용산구 한남동에 위치한다. 이곳은 우리나라에서는 최초이자 최대 규모의 이슬람 성원이다. 파란색 모자이크로 둘러싸인 성전의 담과 정문을 들어서면, 하얀색 건축물이 나타나는데 이것이 바로 이슬람 성전이다. 이 건물 상단에 붙어 있는 초록색 글자는 아랍어로 '알라는 위대하다'는 뜻이다(그림 8-27). 약 1,500평 규모의 서울중앙 성원은 1층에 사무실, 강의실, 접견실이 있고, 2층은 남성 예배실, 3층 은 여성 예배실로 구성되어 성별로 예배당이 나뉘어 있다. 부속 건물인 이슬람센터는 3층으로 되어 있는데 1층에는 이슬람 가게들, 2, 3층에 는 이슬람 어린이들을 위한 이슬람학교prince sultan islamic school와 이슬람 신도회 등이 있다(그림 8-28).

이슬람교는 610년 무함마드Muhammad가 창시한 종교로서, 이슬람은 '절대 순종한다'는 뜻을 지니고 있다. 이슬람교도를 가리키는 모슬렘 Moslem이라는 용어 역시 '절대 순종하는 이'라는 의미를 지니고 있다. 이 슬람교는 기독교, 불교와 함께 세계 3대 종교에 속한다. 알라Allah의 가 르침이 대천사 가브리엘을 통하여 무함마드에게 계시되었으며, 유대 교, 기독교 등 유대계의 여러 종교를 완성시킨 유일신 종교임을 자처

그림 8-27. 한국 이슬람교 서울중앙성원 입구(좌)와 본당 건물(우)

그림 8-28. 이슬람학교(좌)와 예배실(우)

한다. 우리나라에서는 이슬람교 또는 회교回敎로 불리며, 6·25전쟁 때 UN군의 일원으로 참여한 터키군에 의하여 1955년 소개된 이후 신도 수가 꾸준히 증가하고 있다.

서울중앙성원은 누구나 찾을 수 있는 열린 공간이다. 하지만 이슬람교의 예배당임을 잊지 말고 복장에 각별히 유의해야 한다. 만약 노출된 옷(짧은 치마나 반바지 등)을 입고 성원에 출입할 경우에는 경비실 옆 착의실에 구비되어 있는 옷(치마, 히잡 등)을 착용하고 관람해야 한다.

그림 8-29. 한국 이슬람교 서울중앙성원 주변의 상권

서울중앙성원 주변에는 모슬렘과 일반인들이 편리하게 구경하고 이용할 수 있는 상점들이 많이 분포하는데, 할랄halal이라고 하는 '이슬람 율법에 따라 도축된 고기'를 취급하는 음식점이 많다. 그 외에도 이슬람 서점, 이슬람 도서관, 이슬람 정보센터, 이슬람 슈퍼마켓, 여행사, 환전소 등이 성원과 함께 커다란 상권을 이루고 있다(그림 8-29).

3. 세계 속 신들의 땅

현대 건축에 있어서 공간은 공간 자체로서의 의미보다는 인간과 공간의 상호관계를 통해 어떻게 인식되고 지각되는가에 많은 관심을 가지며 그 중요성을 깨닫게 된다. 그런 의미에서 종교 공간은 조화로운 정신의 세계를 말하는 하나의 방법으로써 상징성을 크게 부각시키고 있다. 우리에게 있어서 종교적 상징은 각자의 신앙에 근거한 사고관과 가치관에 새로운 방향을 제시해 줄 수 있는 중요한 요인이 된다. 또한 상징은 공간에 느낌을 부여하여 그 공간이 특별해 보일 수 있도록 해 준다. 따라서 마지막 절에서는 세계에 분포하는 여러 종교 공간 중에서

그림 8-30. 생트 카트린 교회 외부(좌), 내부(중), 배를 뒤집어 놓은 형태의 교회 내부 천장(우)

도 종교적 상징성이 건축적 아름다움과 함께 가장 돋보이는 몇 곳을 선정하여 간단하게 소개하는 것으로 마무리하고자 한다.

프랑스의 생트 카트린 교회와 몽생미셸

생트 카트린 교회Église de Sainte Catherine는 프랑스 노르망디 지방 옹플뢰르Honfleur에 있는 교회로, 프랑스에 남아 있는 가장 큰 목조 교회 건축물이다. 15세기와 16세기 사이에 지어졌는데, 옹플뢰르 구시가지의 다른 유서 깊은 건물들처럼 나무로 지어졌다. 항구에 위치하여 설립 당시 선박 제조업자들이 건설에 많이 참여했는데, 이를 반영하듯 건물 상단은 배 2개를 뒤집어 놓은 형태를 하고 있다(그림 8-30). 완성된 교회는 4세기 성인 알렉산드리아 카트린Catherine d'Alexandrie에게 바쳐졌다. 1879년에는 역사적 가치와 노르망디 지역의 특색을 반영한 건축미를 인정받아 문화재로 지정되었다.

이 교회는 워낙 아름다워서 옹플뢰르에서 활약한 유명 화가들, 특히 인상파 화가들의 그림에도 자주 등장한다. 교회 바로 앞에는 19세기 인상파 화가들의 미술관인 외젠 부댕 박물관Musée Eugène Boudin이 있으며, 주변 거리에는 예술가들의 그림과 조각, 전통 수공예품 등을 파는 상점들이 가득 늘어서 있다(그림 8-31).

프랑스 노르망디 지방의 또 다른 종교 공간으로 몽생미셸Le Mont Saint-Michel 수도원이 있다. 더 정확히 말하면 몽생미셸은 브르타뉴와 노르망디의 경계에 자리하는데, 조수 간만에 의해 육지와 연결된다(그림 8-32).

이곳에 예배당이 생긴 것은 8세기로, 당시 노르망디의 주교였던 성 오베르St. Aubert의 꿈 덕분에 탄생하였다. 그의 꿈에 천사장 미카엘이 나타나 이 섬에 수도원을 지을 것을 명했으나 오베르는 그 꿈을 무시하였다. 분노한 천사장은 재차 꿈에 나타났고, 이번에는 손가락을 내밀어 신부의 머리를 태웠다. 꿈에서 깨어나 이마의 구멍을 확인한 후에야 신부는 공사에 착수했다고 한다. 이렇듯 천사 미카엘의 계시를 받고 건축된 몽생미셸은 이후 세월이 지나면서 11세기에는 로마네스크 양식의 대성당과 수도원이 더해졌으며, 13세기에는 고딕 양식의 회랑이 추가되었다. 특히 13세기에 필리프 왕에 의해 증축된 수도원 건물은 특별히 경이로움이라는 뜻의 '라 메르베유La Merveille'라고 칭한다. 3개의 층으로 구성된 건물은 성직자(정신), 귀족(지성), 평민(물욕)을 상징한다. 가장 아래층에는 평민과 순례자를 위한 방이, 가운데층에는 귀족과 기사를 위한 방이, 맨 위층에는 성직자를 위한 식당과 회랑이 있다. 이후에도 오랜 세월 중·개축을 거듭하며 그 시대의 건축양식이 다양하게 반영되었다(그림 8-33).

그림 8-31. 모네(Monet)가 그린 생트 카트린 교회(좌)와 교회 주변의 거리 상점(우)

그림 8-32. 몽생미셸 전경

그림 8-33. 첨탑 꼭대기의 대천사 미카엘(좌)과 몽생미셸의 내부(중·우)

지금의 모습으로 완성되기까지 무려 800년이 걸린 성은 현재 수도원으로 쓰이고 있지만, 한때 프랑스 군의 요새 역할을 하기도 했고, 프랑스 혁명 때는 감옥으로도 사용되었다. 1979년에 유네스코 세계 문화유산으로 지정되었고, 매년 350만 명 이상의 관광객이 찾고 있어, 프랑스에서는 파리 다음으로 인기 있는 관광지가 되었다.

수도원의 거대한 벽 아래쪽으로는 마을이 형성되어 있는데, 아직도 중세의 모습을 간직하고 있다(그림 8-34). 따라서 이곳은 독특한 자연지형을 극복·적응하여 건설된 기술적이고 예술적인 걸작으로 손꼽힌다. 0.97km²의 면적에 실제 거주민은 41명뿐인 작은 섬에 불과하지만 외딴 바위섬에 기묘한 모습으로 우뚝 서 있는 고색창연한 몽생미셸의 지고함과 성스러움이 주는 감동은 벅차다. 개인적으로 평생 단 한 곳만을 가야 한다면, 아마도 주저하지 않고 이곳 몽생미셸을 선택하지 않을까 한다.

그림 8-34. 중세를 간직한 몽생미셸 마을. 골목길(좌), 글자를 모르는 평민들을 위한 그림 간판(우)

헝가리의 마차시 사원

헝가리의 수도 부다페스트Budapest의 부다 지역, 겔레르트 언덕Gellert Hill에는 마차시 사원Mátyás templom과 어부의 요새Szenthárom ság tér가 있다. 어부의 요새는 오랜 옛날 이곳 다뉴브강에서 잡은 물고기를 사고파는 어시장이 있었기 때문이라는 설과 19세기 어부들이 중심이 된 시민군이 겔레르트 왕궁으로 올라가는 길목에서 왕궁을 지키면서 적의 기습을 막는 요새를 만들었기 때문이라는 설이 있다. 헝가리인들의 애국 정신의 상징인 어부의 요새는 고깔 모양의 7개 탑과 이것을 연결하는 긴 회랑이 특징이다(그림 8-35). 이들 7개 탑은 헝가리 건국 당시 마자르족의 7개 부족을 상징한다. 어부의 요새는 100여 년 전 건축된 네오 로마네스크 양식의 건물로, 다뉴브강 연안에 있는 요새 중에서는 가장 오래되었다.

바로 그 옆에 위치한 마차시 사원은 헝가리를 통일한 왕인 성 이슈트반 1세Istvan I가 1015년 지은 왕궁 성당이 몽골의 침략으로 폐허가 되자,

그림 8-35. 어부의 요새

13세기 벨러 4세Béla IV가 고딕 양식으로 다시 지었다. 이는 헝가리에서 가장 오래된 성당이다(그림 8-36). 정식 명칭은 '성모 마리아 대성당'이지만, 헝가리 역사상 가장 훌륭한 임금으로 평가받고 있는 마차시 왕Mátyás I이 1470년 첨탑88m을 증축하고 지붕을 화려하게 단장하였을 뿐만 아니라, 이곳의 남쪽 탑에 그의 왕가 문장과 머리카락을 보관

그림 8-36. 성 이슈트반 1세의 동상과 마차시 사원

하고 있어 그의 이름을 따서 부르고 있다.

마차시 사원은 서유럽의 성당만큼 규모가 크지는 않지만, 오랫동안 헝가리 왕의 대관식과 결혼식을 거행하던 왕실 성당이었으며, 1526년 이후 오스만튀르크가 헝가리를 지배하던 시기에는 이슬람 사원으로 사용되기도 하였다. 헝가리의 역사에 따라 한때는 교회로, 또 한때는 이슬람 사원으로 이용되기도 한 특별한 내력 덕분에 네오 고딕 양식으로 지어진 이 건축물은 이국적이며 화려하다. 특히 기하학적 무늬의 타일로 장식된 본당 지붕은 많은 이들의 시선을 끈다.

터키의 술탄 아흐메트 모스크

술탄 아흐메트 모스크는See Sultanahmet Mosque는 터키의 이스탄불에 있는 모스크로 터키를 대표하는 사원이다. 모스크의 내부가 파란색과 녹색의 타일로 장식되어 있기 때문에 '블루Blue 모스크'라는 이름으로 더 잘 알려져 있다. 오스만튀르크 제국의 제14대 술탄 아흐메트 1세Sultan

Ahmed I 때 궁정 건축가 세데흐칼 메흐메트 아가Sedefkâr Mehmed Aga에 의해 1609년에 짓기 시작하여 1616년에 완공되었다.

술탄 아흐메트 모스크는 이스탄불에서 가장 높은 지역에 있는 고대 경기장의 남쪽에 위치하기 때문에 먼 곳에서도 그 장대한 규모를 느낄 수 있다(그림 8-37). 멀리서도 스카이라인을 장식하는 모스크의 웅장한 실루엣은 황혼 무렵, 보스포루스 해협에서 바라보면 그 느낌이 배가

그림 8-37. 술탄 아흐메트 모스크의 장대한 규모

그림 8-38. 술탄 아흐메트 모스크 내부의 아름다운 타일 장식과 조명

된다. 이 모스크는 오스만튀르크의 고전기 건축을 대표하는데, 우뚝 서 있는 첨탑minaret 6개는 술탄의 권력을 상징하며, 이슬람교도가 지키는 1일 5회의 기도를 뜻하기도 한다.

내부는 중앙 자미를 기준으로 회당식의 예배당과 넓은 중정으로 되어 있다. 직경 23.5m에 이르는 큰 돔은 4개의 거대한 대리석제의 원주가 지지하고 있어 광대한 공간을 창출하고, 많은 회중의 수용을 가능하게 하였으며, 대돔의 사방에는 반돔을 두었다. 내벽은 2만 1,000장이 넘는 화려한 타일로 장식되어 있다. 중앙 자미 내부는 낮게 매달린 샹들리에가 섬세하고 정교한 푸른 타일에 빛을 던지고 있다(그림 8-38). 서늘하고 고요한 실내와 차분한 분위기는 각자의 종교를 떠나 신성한 공간으로서 경탄과 경외감을 불러일으킨다. 동서양이 만나는 터키에서 신이 허락한 안식처가 있다면 아마도 이곳이 아닐까 한다.

| 참고문헌 |

구동회 외, 1999, 『공간의 문화정치: 공간·문화·서울(문화연구 8)』, 현실문화연구.

김소연, 2009, "1930년대 잡지에 나타난 근대 백화점의 사회문화적 의미," 『대한건축학회논문집(계획계)』 대한건축학회, 25(3), 131-138.

르 꼬르뷔제, 김경훈 역, 2012, 『르 꼬르뷔제 건축 작품과 프로젝트(세트)』, 엠지에이치북스.

미셸 마페졸리·앙리 르페브르, 박재환·일상성·일상생활연구회 역, 2016, 『일상생활의 사회학』, 한울.

미셸 푸코, 이정우 역, 2000, 『지식의 고고학』, 민음사.

샤론 주킨 외, 황성남 역, 2017, 『글로벌 도시들과 현지 쇼핑거리들』, 국토연구원.

서울역사편찬위원회, 2002, 『일제 침략 아래서의 서울: 1910-1945』, 서울특별시.

서윤영, 2009, 『건축, 권력과 욕망을 말하다』, 궁리.

승효상, 2005, 『건축이란 무엇인가: 우리 시대 건축가 열한 명의 성찰과 사유』, 열화당.

안주영, 2007, "시장의 장소성과 노점상에 관한 연구: 서울 황학동시장을 중심으로," 『서울학연구』, 서울시립대학교 서울학연구소, 28, 133-175.

앙리 르페브르, 양영란 역, 2011, 『공간의 생산』, 에코리브르.

연세대학교 국학연구원, 2004, 『일제의 식민지배와 일상생활』, 혜안.

이무용, 2005, 『공간의 문화정치학』, 논형.

이일열, 2007, "새로운 문화·레저공간으로서의 벼룩시장과 특산물 견본시장의 역할에 대한 탐색적 연구: 프랑스의 사례," 『관광학연구』, 한국관광학회 31(3), 225-243.

이정만, 2012, "경관을 어떻게 읽을 것인가," 『지식정보사회의 지리학 탐색(제2개정판)』, 한울, 333-365.

이호정, 2007, 『도시, 장소, 그리고 맥락』, 태림문화사.

정은혜, 2015, "역사적 맥락에 의거한 백화점의 공간적 의미에 대한 연구: 파리와 서울의 비교," 『한국도시지리학회지』, 18(2), 111-121.

존 앤더슨, 이영민·이종희 역, 2013, 『문화·장소·흔적: 문화지리로 세상읽기』, 한울.

최윤경, 2003, 『7개의 키워드로 읽는 사회와 건축공간』, 시공문화사.

최준석, 2012, 『서울의 건축, 좋아하세요?』, 휴먼아트.

하쓰다 토오루, 이태문 역, 2003, 『백화점: 도시문화의 근대』, 논형.

한국문화역사지리학회, 2013, 『현대문화지리학의 이해』, 푸른길.

홍성욱, 2002, 『파놉티콘-정보사회 정보감옥』, 책세상.

Barrett, M., 1980, *Women's oppression today: problems in Marxist feminist analysis*, Verso, London.

Benjamin, W., 2002, *The Arcades Project*, Harvard Univ. Press, Massachusetts.

Chatterjee, P., 1994, Nationalist Thought and the Colonial World: A Derivative Discourse, *The Journal of Asian Studies*, 53(3), 960-961.

Cosgrove, D., and Jackson, P., 1987, New Directions in Cultural Geography, *Area*, 19, 95.

Crouzet, F., 1974, French economic growth in the Nineteenth century reconsidered, *History*, 59, 167-179.

Ducan, J., 1990, *The City as Text*, Cambridge Univ. Press, Cambridge.

Foucault, M., 1970, *The Order of Things: An Archaeology of the Human Sciences*, Tavistock, London.

Harvey, D., 1989, *The Urban Experience*, Blackwell, Oxford.

_____, 2003, *Paris, capital of modernity*, Routledge, New York.

Knox, P. L., & Marston, S. A., 1999, *Places and Regions in Global Context: Human Geography*, Prentice-Hall, New Jersey.

Lefebvre, H., 1991, *The production of space*, Blackwell, Oxford.

Martiny, V. G., 1982, Les Grands Magasins, *Revue belge de philologie et d'histoire*, 60(4), 1052-1053.

Miller, B. M., 1987, *Au bon march 1869-1920: Le consommateur apprivois*,

Armand Colin, Paris.

Rose, G., 1993, *Feminism and geography*, Univ. of Minnesota Press, Minneapolis.

Sauer, C. O., 1925, *The morphology of landscape*, Univ. of California Press, Berkeley.

Spain, D., 1992, *Gendered spaces*, Univ. of North Carolina Press, Chapel Hill.

Tuan, Yi-Fu., 2001, *Space and Place: The Perspective of Experience(5th Edition)*, Univ. of Minnesota Press, Minneapolis.

동대문패션타운관광특구협의회(동대문관광특구), http://www.dft.co.kr

문화체육관광부, http://www.mcst.go.kr

프랑스국립박물관연합(RMN), http://www.photo.rmn.fr

The Skyscraper Center, http://www.skyscrapercenter.com